Verkaufen ist für alle da

Band 1 – Ihr persönlicher Anteil am Erfolg

Band 2 – Die wunderbare Welt der Kunden

Band 3 – Der Flirt mit dem Kunden

Band 4 – Social Selling

Band 5 – Schürfen bis es glänzt

Band 6 – Durch Umsetzung zum Erfolg

Bibliografische Informationen der Deutschen Nationalbibliothek
Die Deutsche Nationalbibliothek verzeichnet diese Publikation in der Deutschen Nationalbibliografie; detaillierte bibliografische Daten sind im Internet über http://dnb.de abrufbar.

ISBN 978-3-947996-00-1

Satz und Layout:	Michael Trabitzsch, Hohenbrunn
Lektorat:	Dr. Maria Zaffarana, Wesseling
Grafik und Design:	Michael Trabitzsch, Hohenbrunn
Verlag:	Weidenverlag M. Trabitzsch, Hohenbrunn

1. Auflage, März 2020

Verkaufen ist für alle da

Ihr persönlicher Anteil am Erfolg

Band 1

Michael Trabitzsch

„Verkaufen ist für alle da“ ist der Titel einer sechsteiligen Serie. Folgende Buchtitel sind im Handel erhältlich:

Band 1 – Ihr persönlicher Anteil am Erfolg

In diesem Buch geht es ausschließlich um Sie, um Ihre Einstellung und Ihr Auftreten und wie Sie mit einfachen Mitteln Ihre Außenwirkung und damit Ihre Zukunft positiver gestalten können.

Ich zeige Ihnen, was sich hinter dem Leitspruch „Verkaufen ist für alle da“ konkret verbirgt und warum das Thema für jeden wichtig ist – selbst wenn er nicht im Vertrieb tätig ist.

Band 2 – Die wunderbare Welt der Kunden

Der zweite Band der Buchreihe beleuchtet die Welt des Kunden: Von welchen Faktoren hängt seine Zufriedenheit ab? Wie können Sie die Kundenloyalität erhöhen und messen? Wenn Sie die Inhalte dieses Buches umsetzen, werden Sie deutlich mehr Stammkunden bekommen als bislang.

Wenn Sie „auf der anderen Seite“ stehen, also selbst in der Rolle des Kunden sind, werden Sie ebenfalls ein besseres Verständnis für das Verkaufsgespräch entwickeln und hierdurch besser beraten werden.

Band 3 – Der Flirt mit dem Kunden

Nachdem es in den ersten beiden Büchern dieser Serie um Sie und den Kunden gegangen ist, nimmt Band 3 die Kommunikation und Interaktion zwischen Ihnen und dem Kunden – und damit auch allen anderen Mitmenschen – unter die Lupe. Nachdem Sie das Buch gelesen haben, werden sich Ihre Präsentationen merklich verändern, Sie werden aktiver zuhören und offener auf Personen zugehen, um mit ihnen ins Gespräch zu kommen.

Band 4 – Social Selling

Dieses Buch ist die Fortsetzung von *Band 3 – Der Flirt mit dem Kunden,* in dem es um die richtige Kommunikation mit dem Kunden geht. Social Selling ist Kommunikation 2.0, also die moderne Art, um mit Ihren Kunden zu sprechen und sie über aktuelle Themen auf dem Laufenden zu halten. In diesem Buch erfahren Sie alle Hintergründe zu diesem Thema und wie Sie sich für Ihre Kunden als ihre Vertrauensperson etablieren.

Band 5 – Schürfen bis es glänzt

Im fünften Band erfahren Sie, wie Sie nach all Ihren Anstrengungen am Ende auch Geld verdienen und sich auf die wirklich wichtigen Dinge fokussieren. Dazu müssen Sie Ihre Vertriebsprozesse optimieren. Das hilft Ihnen dabei, aus der Masse potenzieller Kunden wahre Rohdiamanten zu schürfen und mit ihnen beträchtliche Gewinne zu erwirtschaften.

Obwohl es hier auf den ersten Blick um klassischen Vertrieb geht, ist dieses Buch ganz im Sinne des Titels der Buchserie für wirklich alle interessant. Denn auch wenn Sie hier einige Inhalte vielleicht gar nicht anwenden können, hilft es Ihnen sehr dabei, Ihre Vertriebskollegen zu verstehen und sie bei ihrer Arbeit konstruktiv zu unterstützen.

Band 6 – Durch Umsetzung zum Erfolg

Theorie ist hilfreich, doch nur die Umsetzung in der Praxis macht Sie erfolgreich. Mit dem Wissen aus diesem Buch werden Sie Ihren gesammelten Erfahrungsschatz deutlich besser in der Praxis umsetzen. Sie werden hochmotiviert sein. Ihre investierte Zeit und auch das Geld, das Sie vielleicht in Fort- und Weiterbildungsmaßnahmen gesteckt haben, wird gewinnbringend umgesetzt.

Vorwort

Liebe Leserinnen und Leser,

schon wieder ein „Projekt“: ein Buch! Das war mein erster Gedanke.

Sicherlich gibt es „Schlimmeres“, als ein Buch zu schreiben, dachte ich mir – auch als aus dem einen Buch sechs Bände wurden. Na gut, wenn er denn meint ... Die „Ernüchterung“ kam, als mir klar wurde, dass mein Mann mir die Rolle der Erstleserin zugedacht hatte.

Grundsätzlich lese ich sehr gerne und auch viel, jedoch eher spannende Krimis, einen Thriller oder berufsbedingt Fachartikel aus der Baubranche, aber eben keine Fachliteratur über Vertrieb. Diese Art zu lesen, verhieß für mich nicht Entspannung, sondern war mit Arbeit verbunden.
Ich begann deshalb eher widerwillig. Denn als Architektin hatte ich mit dem Thema Verkaufen ja wenig am Hut – dachte ich.

Je mehr ich mich jedoch in die Bücher meines Mannes eingelesen hatte, desto öfter entdeckte ich Parallelen zu Themen meines eigenen beruflichen und privaten Umfeldes.

Nach und nach setzte bei mir tatsächlich ein Veränderungsprozess ein und ich verstand seinen Ansatz, sich gerade auch an vertriebsferne Leser wie mich zu wenden. Mittlerweile achte ich auf viele kleine Details, die mir früher nicht bewusst gewesen sind.

Seine zahlreichen Anregungen sind branchenübergreifend und in der Regel ohne großen Aufwand umzusetzen. Manchmal ändert sich der eigene Blickwinkel grundlegend und es ergeben sich daraus vollkommen neue Chancen oder Lösungen. Es macht Spaß und auch ein wenig stolz, aus den neuen Erkenntnissen die ersten kleinen Erfolge verbuchen zu können.

Die Bücher dieser Serie sind so geschrieben, dass sich die Leser, so unterschiedlich sie auch sein mögen, ganz individuell und unbewusst wesentliche Bausteine zusammenstellen können. Angereichert werden sie mit zahlreichen Beispielen aus beruflichen und auch privaten Erfahrungen.

Meinem Mann wünsche ich mit seinem neuen, wachsenden „Projekt“ viel Erfolg und vor allem Zufriedenheit!

Den Leserinnen und Lesern wünsche ich bei der Lektüre viel Spaß, jede Menge neue Gedankenanstöße und Erkenntnisse wie auch zahlreiche Erfolgserlebnisse bei der Umsetzung.

Eure Gabriele Trabitzsch

Inhaltsverzeichnis

1

Einleitung

Liebe Leserinnen und Leser,

ich bin der festen Überzeugung: Verkaufen ist für alle da! Warum sehe ich das so? Welche Vorteile sehe ich für jeden Einzelnen? Und was verstehe ich eigentlich genau unter „Verkaufen“? Auf all dies und noch viel mehr werde ich in diesem Buch und den weiteren Bänden dieser Serie detailliert eingehen.

Dabei ist es vollkommen egal, ob Sie Krankenschwester, Architekt, Ärztin, Ingenieur oder Heizungsbauer, im Support oder wo auch immer arbeiten. Jeder kann verkaufen und sollte dieses Können auch verstärkt nutzen. Sie müssen sich nur trauen, an Ihre Fähigkeiten glauben und wie in jedem Beruf mit der Zeit immer noch etwas dazulernen. Genau dies ist das Ziel dieser Buchserie.

Ein Verkäufer soll nicht verkaufen, sondern dem Kunden helfen, von ihm zu kaufen.

Denken Sie sich beim Lesen dieser Zeilen vielleicht: „Bitte nicht noch so ein Verkaufs-Buch! Ich möchte doch gar nicht so ein arroganter Verkäufer werden und das ganze „Tschaka“ ist sowieso nicht meins.“ Haben Sie vielleicht eine innere Ablehnung gegen Vertriebler an sich, weil Sie hiermit den Zeitungsverkäufer einer Drückerkolonne bei Ihnen an der Haustür assoziieren?

Dann haben Sie ein vollkommen falsches Bild von einem professionellen Vertriebler – genau wie ich früher auch.

Aufgabe eines guten Verkäufers ist es nicht, etwas zu verkaufen – schon gar nicht gegen den Willen eines Kunden, was übrigens auch gar nicht funktioniert. Das heißt: Ein guter Verkäufer darf keinen Druck aufbauen, sondern muss einen Sog generieren, damit der Kunde ein Verlangen entwickelt, von ihm etwas zu kaufen.

Auf einer privaten Party habe ich einmal mit jemanden über meinen Beruf gesprochen. Er habe nie und nimmer gedacht, dass ich im Vertrieb tätig sei. Ich würde so ganz und gar nicht ins Bild eines Verkäufers passen.

Das ist für mich der springende Punkt, es ist *sein* Bild gewesen. Denn es gibt nicht *den* prädestinierten Typen für den Vertrieb. Natürlich sind gewisse Grundvoraussetzungen von Vorteil. So sollte man schon gerne mit Menschen zu tun haben.

Genauso wenig gibt es *den* Weg. Er muss aber zu Ihnen, dem Kundensegment, dem Produkt und der Situation passen.

Nehmen wir den Marktschreier vom Hamburger Fischmarkt. Ruft er bei Ihnen zu Hause an und möchte Ihnen mit seiner Art etwas am Telefon verkaufen, wird das bei Ihnen wahrscheinlich große Ablehnung, vielleicht sogar Aggression auslösen. Treffen Sie allerdings auf dieselbe Person vor Ort, gehen Sie wahrscheinlich gerne hin und kaufen Fisch. Viele reisen ja sogar extra wegen dieser Attraktion an.

Sie sehen also, dass es beim Verkaufen unterschiedliche Facetten gibt. Das Wichtigste ist, authentisch zu bleiben. Das ist für mich übrigens bei vielen Dingen im Leben so. Sobald man sich verstellt, läuft man Gefahr zu verkrampfen und an Leistung einzubüßen. Es muss nicht immer alles perfekt sein. In dieser Buchserie unterbreite ich Ihnen daher nur Vorschläge. Mein Weg muss nicht Ihrer sein – genauso wenig, wie ich all die Dinge, die ich gelernt habe, persönlich eins zu eins umgesetzt habe.

Ja, ich bin offen und neugierig gewesen und habe die Ideen beleuchtet, teilweise auch getestet und ausprobiert, ob es vielleicht einen Weg gibt, wie ich diese Ratschläge auf meine Art und Weise umsetzen kann. Bei manchen war ich erfolgreich und bei anderen wiederum nicht.

Der Titel der Buchserie bezieht sich nicht nur auf den klassischen Vertriebsprozess, sondern auf alles, was hiermit in Verbindung steht – also alle Eigenschaften und Fähigkeiten, die ein professioneller Vertriebler benötigt. Hierzu zähle ich Themen wie Kommunikation und Präsentation, strategisches Denken und zielorientiertes Arbeiten, Motivation, positives Denken und noch viel mehr.

Da diese Eigenschaften nicht nur im Beruf, sondern auch im Privaten von Vorteil sind, bin ich der Überzeugung, dass dieses Thema für jeden wichtig ist, egal welcher Berufsgruppe Sie angehören.

Letztendlich hat jeder in irgendeiner Form mit Verkaufen zu tun, auch wenn er als Angestellter sein Unternehmen repräsentiert und für die Außendarstellung verantwortlich ist. Patienten, Kinder, Schüler und Studierende zähle ich ebenfalls zu den Kunden. Auch hier gibt es genügend vergleichbare Situationen im privaten Bereich. So ist Flirten genau genommen nichts anderes als Verkaufen. Bleib einfach neugierig und lese weiter.

Der Vertrieb ist zu meiner Leidenschaft geworden, aber das war nicht immer so. Ich habe mein Leben und das Leben hat mich geändert. Warum, dies so war und wie es zu der Veränderung kam, erfahren Sie in diesem Buch.

Dieser Wandel hat auf alle Fälle mein Leben im äußerst positiven Sinne geändert, sowohl im privaten wie auch im beruflichen Bereich – etwa die Art, wie ich denke, mich kleide, Dinge umsetze und sogar, wie ich fühle. Die Personen, die mich seit vielen Jahren persönlich kennen, werden Ihnen das bestätigen. Ich mache heute Dinge, die ich mir früher nie habe vorstellen können. Meine anfängliche Ablehnung hat sich in Euphorie verwandelt.

Ich möchte Ihnen bewusst machen, was Sie bereits können, warum es funktioniert und vor allem auch, warum Sie dies nutzen und in andere Bereiche Ihres Lebens transportieren sollten.

Hierfür gebe ich sehr viel von mir persönlich, meinen Erfahrungen und meinem Wissen preis. Ich gebe Ihnen teilweise sehr private Einblicke und Beispiele, wie es bei mir zum Wandel kam, und begebe mich permanent in einen Perspektivwechsel, um gewisse Situationen aus unterschiedlichen Blickwinkeln zu beleuchten.

Bin ich in der Position des Kunden, so beobachte ich auch stets das Verhalten des Verkäufers. Umgekehrt versuche ich immer die Situation des Kunden zu verstehen.

Aus diesem Grund wechsle ich jetzt auch in die Du-Form über.

Der wichtigste Grund für mich ist, dass ich mit Dir sehr offen und authentisch kommunizieren möchte und es mir auf diesem Weg leichter fällt, persönliche Dinge mit Dir zu teilen.

Selbstverständlich erhältst Du auch Tipps, wie Du Dich in allen Bereichen verbessern kannst.

Dieses Buch ist aus meinem Leben für Dein Leben – und soll es bereichern!

Bei meinen persönlichen Erfahrungen beziehe ich mich bewusst nicht auf konkrete Beispiele aus meinem direkten Umfeld. Solltest Du mich also persönlich kennen und das Gefühl haben, Dich in meinem Buch wiederzufinden, wäre das ein Trugschluss.

Das Leben hält tagtäglich genügend Erlebnisse bereit und ich habe bewusst nur Beispiele gewählt, die nicht nur einmal vorgekommen sind und daher für mich auch eine gewisse Relevanz haben.

Ich möchte hervorheben, dass alles meine persönlichen Erfahrungen und Meinungen sind und sie nicht in Verbindung mit meinem aktuellen oder früheren Arbeitgebern stehen.
Das Motto dieser Buchserie ist „einfach, authentisch und erfolgreich". Erfolg ist hierbei für mich nicht ausschließlich mit Karriere oder materiellen Dingen gleichzusetzen.

Gemeint ist vielmehr, dass alles, was Du Dir vornimmst, für Dich erfolgreich gelingt und Du mit Dir selbst zufrieden bist. Es muss nicht perfekt sein. Vielleicht gelingt es Dir aber trotzdem genau wie mir, Dich Stück für Stück weiterzuentwickeln.

Auf diese Fragen und noch viele mehr gibt Dir die Buchreihe praktische Antworten:

- Weshalb ist das Thema Verkaufen so wichtig?
- Welche Vorteile kannst Du auch im privaten Bereich daraus ziehen?
- Wie kannst Du Dich selbst oder Deinen Arbeitgeber mit einfachen Mitteln noch erfolgreicher machen?
- Warum ist das Buch auch für gestandene Vertriebsprofis relevant?

Weil für Menschen, für die Akquise ihr tägliches Brot ist, der eigentliche Vertriebsprozess und dessen Grundlagen essenziell sind, gehe ich auf diese Themen ebenfalls ein.

In diesem Buch geht es also ausschließlich um Dich, um Deine Einstellung, Dein Auftreten und wie Du mit einfachen Mitteln Deine Außenwirkung und damit Deine Zukunft positiver gestalten kannst.

Es geht um Deinen Erfolg und Deine Freude im Leben.

Ich nehme Dich mit auf eine spannende und faszinierende Reise in die anspruchsvolle und bunte Welt des Vertriebs. Es ist nicht die erste und wird nicht die letzte Reise sein. Ich mache mich gerne mit Dir gemeinsam auf zu neuen Ufern.

Für jede konstruktive Rückmeldung zu diesem Buch bin ich dankbar: Wie hat Dir das Buch gefallen? Hast Du ein Thema vermisst? Wo stimmst Du mir zu, wo nicht? Würdest Du gerne noch mehr von mir und über mich erfahren?

Am besten schreibst Du Deine Meinung, Anregungen wie auch Deine eigenen Erlebnisse und Erfahrungen zu diesem Thema direkt auf meine Webseite unter

www.sales4every1.com

und abonnierst dort gleich auch meinen Blog.

Hier findest Du auch die Links zu meinen Social-Media-Profilen, über die Du gerne mit mir in Verbindung bleiben kannst.

Natürlich freue ich mich, wenn Dir dieses Buch gefällt und Du Deinen Wissensdurst mit den anderen Büchern dieser Themenreihe weiter stillst.

Viel Spaß beim Lesen!

Dein

2

Dein Nutzen

Diese Buchserie gibt Dir wichtige Tipps, die Du im täglichen Leben einsetzen kannst – nicht nur beruflich, sondern auch privat. Wer zum Beispiel die Kunst des Small Talks beherrscht, um Geschäfte anzubahnen, ist auch auf einer Party ein gern gesehener Gast.

Ich schreibe bewusst: Tipps. Denn Tricks gibt es beim Verkaufen nicht. Zumindest sollte es sie nicht geben. Zusammengefasst hier die wesentlichen Themen, die Dich erwarten:

- Professionellere Präsentationen
- Effizientere Kommunikation
- Kunden besser verstehen und betreuen
- Steigerung der Bekanntheit Deines Unternehmens
- Verkaufen über Mehrwert und nicht über Preis
- Richtige Ziele und Prioritäten setzen
- Positives Denken

Das Gesamtziel lautet:

- bessere Persönlichkeitsaußenwirkung
- Akquisition von mehr Aufträgen
- Steigerung des Gewinns
- mehr Freude und Erfolg bei der Arbeit und im Privaten

Darüber hinaus lernst Du, wie Du Dein Unternehmen als Selbstständiger, aber auch als Angestellter besser repräsentieren und einen wertvollen Beitrag zum Wohle des Unternehmens leisten kannst. Es wird Deine Existenz sichern!

Zu guter Letzt wirst Du feststellen, dass das Ganze auch noch zu mehr Freude an und bei der Arbeit führt.

3

Verkaufen ist für alle da

Jeder ist im Vertrieb

... und das unabhängig von seinem Beruf. Egal ob privat oder beruflich – es gibt für jeden tagtäglich Situationen, in denen er

- sich selbst oder etwas „verkaufen" will,
- mit fremden Personen in Kontakt tritt,
- freundlich auftreten sollte,
- etwas präsentieren muss,
- einmal Nein sagen muss,
- jemanden überzeugen will,
- motiviert sein sollte,
- mit Veränderungen umgehen muss,
- auf Partys oder Events Small Talk führt,
- eine Gehaltserhöhung verhandelt oder
- ein Projekt oder Vorhaben erfolgreich umsetzen muss

Sei daher neugierig auf die vielfältigen und anspruchsvollen Bestandteile der vertrieblichen Aufgaben.

Jede und jeder kann als „Schaufenster seines Unternehmens“ neue Kunden gewinnen.

Dabei hilft Dir vertriebliches Fachwissen. Es lässt Dich Deine Aufgaben einfacher, zuverlässiger und besser erledigen wie auch mehr Spaß und Erfolg im Leben haben.

Ich persönlich bin begeistert von den vielfältigen und anspruchsvollen Inhalten, die der Vertrieb und alles, was dazugehört, so mit sich bringt. Als ich vor vielen Jahren meinen Job als Ingenieur an den Nagel gehängt und in den Vertrieb gewechselt bin, habe ich schnell erkannt, welche wunderbare Welt sich hier auftun kann. Vergiss nicht: Jeder ist im Vertrieb und sollte sich hier angesprochen fühlen!

Jeder hat, beruflich oder privat, mit Verkaufen oder zumindest mit Teilen davon zu tun.

Sobald Du in irgendeiner Form mit Personen außerhalb des Unternehmens in Kontakt kommst, auch wenn es nur am Telefon ist, repräsentierst Du Deine Organisation. Der Eindruck, den Du bei der Person hinterlässt, fällt auf Deine Firma zurück. Du hast hier also eine sehr große Verantwortung, die aber oft gar nicht als solche erkannt wird.

Nehmen wir einen Supportmitarbeiter, der mit dem Kunden „nur“ telefonisch kommuniziert.

Deine Worte und Dein Verhalten können Wunden heilen, aber auch neue aufreißen.

Der Kontakt ist vielleicht der einzige, den der Kunde jemals mit dem Unternehmen haben wird. Das heißt, das Verhalten und Auftreten des Angestellten steht stellvertretend für das Unternehmen und hat somit einen wesentlichen Einfluss auf die nächsten Schritte des Kunden: Bleibt er Kunde? Empfiehlt er das Unternehmen weiter? Wechselt er zur Konkurrenz und spricht schlecht über das Unternehmen?

Hattest Du schon einmal Kontakt mit einem Supportmitarbeiter? In wie vielen Fällen hattest Du das Gefühl, dass auf der anderen Seite eine rhetorisch geschulte Person sitzt, die geübt in professioneller Kommunikation ist? Ich hatte das leider relativ selten. Denn solange die Frage oder das Problem des Kunden zufriedenstellend gelöst werden kann, steht fachliche, nicht rhetorische Kompetenz im Vordergrund. Unfreundliches, genervtes Auftreten hat aber einen negativen Beigeschmack, der vollkommen unnötig ist.
Spätestens dann, wenn es keine Lösung auf Fachebene gibt, wird die kommunikative Komponente immer wichtiger. Sie kann manchmal wahre „heilende Wunder" bewirken.

Vielleicht kennst Du das Gefühl: Du hattest ein Anliegen, es wurde nicht wirklich erfüllt, aber trotzdem hast Du das Gespräch äußerst positiv in Erinnerung, weil Du einfach freundlich und zuvorkommend behandelt worden bist – obwohl Du vielleicht selbst emotional gewesen bist und bei der anderen Person Stress ausgelöst hast.

Dein Handeln fällt meistens auf das Unternehmen zurück, nicht auf Dich.

Dennoch bist Du mit Deinem Anliegen ernst genommen und nicht einfach unwirsch oder desinteressiert abgespeist worden.

Ich persönlich denke in diesem Zusammenhang an eine bestimmte Arzthelferin zurück. Wegen ihrer wiederholt unfreundlichen und herablassenden Art hatte mich Ihr Chef als Patienten und somit als Kunden verloren. Da für mich die medizinische Versorgung und das Vertrauen im Vordergrund gestanden haben, hatte ich ihr Verhalten mangels Alternative zunächst toleriert. Aber nachdem mir ein guter Freund einen anderen Arzt empfohlen hatte, war dies der entscheidende Anstoß für einen Wechsel. Gut, rückblickend betrachtet, hätte ich dem Arzt auch einen sachlichen Hinweis geben können, wie sehr mir die Unfreundlichkeit in seinem Vorzimmer missfällt. Aber wie viele Kunden tun das? Wie viele gehen einfach wie ich und sind als Kunden verloren?

Schätze also jeden Kunden, der sich beschwert! Denn er gibt Dir die Chance zu handeln – aber hierzu später im Buch mehr.

Selbst wenn Du nicht mit Externen in Berührung kommst, gibt es wahrscheinlich noch einen Vorgesetzten, bei dem Du Dich positiv für die nächste Gehaltserhöhung darstellen willst. Im privaten Umfeld gibt es ebenso eine Vielzahl von Situationen, in denen Du Dich selbst oder eben etwas verkaufen willst.

Sieh jeden Gesprächspartner als Deinen Kunden an und agiere entsprechend.

Hast Du keinen Lebenspartner, ist Flirten nichts anderes, als sich zu verkaufen. Wenn Du bereits in einer glücklichen Beziehung lebst, gibt es ebenfalls Gelegenheiten, in denen Du Deine Partnerin oder Deinen Partner von etwas überzeugen willst – von einem neuen Paar Schuhe, einem größeren Fernseher oder einem Urlaub beispielsweise.

Wie bereits erwähnt, gibt es eine Menge Eigenschaften und Fähigkeiten, die einem professionellen Vertriebler abverlangt werden, welche Dir auch wiederum in Alltagssituation helfen.

Egal welche Gespräche Du führst – ob mit Deinem Partner, Deinem Vorgesetzten, Deinem Team oder Geschäftspartnern –, wird es Dir enorme Vorteile bringen, wenn Du einen Perspektivwechsel vornimmst und jeden als Deinen „Kunden“ betrachtest. Versuche seine Bedürfnisse zu verstehen, in „Mehrwerten“ zu denken und zu argumentieren.

Daher gilt,

VERKAUFEN

IST FÜR ALLE DA

4

Wie das Thema zu mir kam

Wesentlichen Anteil an diesem Buch haben meine über 40 Jahre praktische Erfahrung sowohl als Kunde als auch als Angestellter in unterschiedlichen, nicht vertrieblich angesiedelten Berufen und heute im klassischen Vertrieb. Kunde bin ich, seit ich sechs bin. Damals stand ich vor der Entscheidung, wie ich mein erstes hart verdientes Taschengeld investiere: Sparschwein, Süßigkeiten oder Yps-Heft (damals äußerst beliebtes deutsches Comic-Magazin mit Spielzeug oder Scherzartikel).

Es gibt Vertriebler, die behaupten von sich, sie hätten das Vertriebsgen schon mit der Muttermilch aufgesaugt. Zu denen habe ich mit Sicherheit nicht gehört.

Die erste Hälfte meiner beruflichen Laufbahn hatte einen sehr technischen Hintergrund. Die damalige Zeit war in hohem Maße geprägt von den Funktionen meiner geschaffenen Produkte: etwa eine von mir entwickelte elektrotechnische Schaltung oder das Energiekonzept für ein Gebäude.

Das beste Produkt ist nichts wert, wenn man seinen Kunden nicht überzeugen kann.

Ach, wie habe ich es geliebt, mit hochtechnischen Begriffen um mich zu werfen! Ich erinnere mich noch gut an die „totale Wärmeverschiebung mit einer Adsorptionskältemaschine und einem Blockheizkraftwerk". Und die ganzen Daten aus meinen thermischen Simulationen wollten auch präsentiert werden. Was bot sich da Besseres an, als den Bauherrn mit einer Diagrammschlacht mit den buntesten Kennlinien zu beeindrucken?

So dachte ich zumindest.

Die Ergebnisse und Qualität der Arbeit des Teams waren hervorragend, die Präsentation jedoch war es nicht. Das beste Produkt ist aber nichts wert, wenn man den Kunden oder den Auftraggeber nicht überzeugen kann. Nicht dass Du die letzten Zeilen falsch verstehst: In den meisten Fällen haben wir den Kunden überzeugt und die Kundenzufriedenheit war sehr hoch. Rückblickend bin ich nur der Überzeugung, dass es in vielen Fällen auch noch besser und einfacher gegangen wäre, was auf beiden Seiten letztendlich auch wieder weniger Zeit und manchmal auch Nerven gekostet hätte. Damals haben mir leider die Werkzeuge hierfür gefehlt.

Was wollte der Kunde, hatte ich ihn wirklich verstanden? Ich dachte: Ja. Heute weiß ich, was ich alles hätte besser machen können.

Während meines Studiums habe ich Jahre auf Baustellen und im Kundenservice zugebracht. Hier habe ich so einiges erlebt, auch als Kunde: Leider war, nachdem die Monteure gegangen waren, häufig mehr kaputt als vorher – von kleineren Schäden wie einem verschmutzten Teppich oder einer beschädigten Wand angefangen, bis hin zu riesengroßen Reparaturen. Ich erinnere mich an einen Parkettleger, der Öl anscheinend nicht aufgetragen, sondern mit einer Bazooka-Wasserpistole versprüht hatte. Sämtliche Wände mussten anschließend gleich mit renoviert werden, obwohl sie erst kurz zuvor frisch gestrichen worden waren.

Nach vielen Jahren in unterschiedlichen Funktionen als Ingenieur im Bauwesen wechselte ich in den Vertrieb. Mein Glück hierbei war, dass ich meine neuen Aufgaben in einem Unternehmen erlernen durfte, das sehr viel Wert auf Weiterbildung legte. Hierdurch bin ich in kurzer Zeit in den Genuss einer Vielzahl hochprofessioneller Schulungen gekommen. Die internationale Ausrichtung des Unternehmens gab mir zudem Gelegenheit, mich mit Kollegen aus aller Welt mit unschätzbarem Wissen und langjähriger Erfahrung austauschen zu können.

Ich spreche in diesem Buch nicht nur berufliche, sondern auch private Situationen an. Denn gepflegte Kommunikation und entsprechende Konfliktlösungsmechanismen können auch hier durchaus hilfreich sein.

Dazu kommt, dass ich in der Zusammenarbeit mit Unternehmen fast täglich feststelle, dass viele gar nicht wissen, warum sie Aufträge bekommen. Oft höre ich: „Das ging über mein Netzwerk." Aber ist es tatsächlich so? Kennt Dein Kunde wirklich nur Dich oder hat er selbst vielleicht nicht auch noch den einen oder anderen Deiner Mitbewerber als Kontakt? Also was ist der eigentliche Grund dafür, dass ausgerechnet Du den Auftrag erhalten hast?

Da stellt sich mir oft die Frage, warum niemand zumindest die wesentlichen vertrieblichen Einblicke bekommt, um wenigstens selbst entscheiden zu können, inwieweit man gewisse Dinge noch weiter vertiefen möchte. Aus Unwissenheit setzen sich leider die wenigsten Nicht-Vertriebler, genauso wie ich früher, mit der entsprechenden Literatur auseinander. Und leider werden überwiegend nur in serviceorientierten Ausbildungen, Schulen – etwa den Hotelfachschulen – oder Studiengängen die jeweiligen Bestandteile unterrichtet. In allen anderen werden Begriffe wie „Kunde" oder „Gast" nicht einmal erwähnt.

Es hilft Dir nichts, wenn Du das beste Produkt der Welt hast, wenn es keiner kennt.

Warum eigentlich nicht?

Besteht denn nicht die Möglichkeit, dass sich ein Architekt oder eine Ingenieurin nach dem Studium selbstständig machen möchte? Selbst der begnadetste Absolvent muss dann erst einmal Aufträge akquirieren, damit er das Erlernte auch umsetzen kann. Mit Vergleichen aus der Steinzeit kommt niemand weit. Was hilft es mir zu wissen, wie ich ein Tier zubereiten kann, wenn ich nicht weiß, wie ich es jage, oder (für die Vegetarier) welche Beeren und Pilze ich pflücken darf und welche nicht. Wenn ich gar nicht erst in den Besitz eines Nahrungsmittels komme, hilft es mir nichts, wenn ich der genialste Koch bin. Wenn ich mit meinem Beruf Geld verdienen möchte, müssen potenzielle Kunden wissen, dass sie bei mir ihren Hunger stillen können.

Ich weiß aus eigener Erfahrung, wie schwierig es ist, sich in solchen Berufen mit dieser Thematik zu beschäftigen. In einem klassischen Serviceberuf oder im Vertrieb ist dieses Wissen jedoch das zentrale Thema, um das sich alles dreht. In anderen Berufen ist es hingegen das rein fachspezifische Wissen. Man hat ja schließlich schon genug zu tun, wenn man sich neben dem eigentlichen Alltagsgeschäft mit dem neuesten Stand der Technik, geänderten Normen und Vorschriften auseinandersetzt. Wann also noch die Zeit finden, um sich mit Themen wie Präsentation, Kommunikation, Kundenbindung, Akquise und Marketing auseinanderzusetzen?

Ergänzend gibt es dann ja auch noch Themen wie BWL und Unternehmensführung ...

Weil ich weiß, wie schwierig, aber auch wie unschätzbar wichtig es ist, habe ich diese Buchserie geschrieben. Ich gebe Ihnen die Chance, von meinem langjährigen und vielfältigen Wissen in komprimierter Form zu profitieren.

Je nach Beruf wirst Du auf das eine oder andere Kapitel stoßen, das Dir zu sehr in Richtung Vertrieb geht. Das gilt vor allem für Band 5 – Schürfen bis es glänzt. Auch wenn Du Dich dann nicht direkt angesprochen fühlst, solltest Du es lesen. Denn auch diese Kapitel sind kurzweilig geschrieben. Manche Hintergründe und Einblicke in diese Themen helfen Dir für ein besseres Gesamtverständnis.

5

Das „Schaufenster“ des Unternehmens

Du bist einer der spannendsten Bestandteile dieser Buchserie. Denn für Dich habe ich diesen Leitfaden geschrieben!

Zumindest kommt das Wort „Du“ insgesamt 338 Mal in diesem Buch vor, was es entsprechend wichtig werden lässt.

Denke immer daran, welche Erwartungen Du selbst hast, wenn Du gerade in der Rolle des Kunden bist. Wie würdest *Du* gerne behandelt werden? Was stört Dich? Ärgere Dich nicht nur über die anderen, mache es einfach selbst besser!

Denn Du bist das „Schaufenster“ des Unternehmens.

Was sieht der Kunde von Deinem Unternehmen?

Beispiel: Du bist Elektroinstallateur und fährst zum Kunden. Er sieht Dich, beurteilt Deine Arbeit und Dein Auftreten.

Agiere selbst mindestens mit derselben Erwartungshaltung, die Du selbst als Kunde an andere hast.

Für ihn sind Du und Deine Leistung das Unternehmen.

Wenn hier etwas nicht passt, hat das meistens für das Unternehmen Konsequenzen und nicht für Dich – zumindest keine direkten. Denn häufen sich solche Situationen, kann es das Unternehmen in eine wirtschaftliche Schieflage bringen und am Ende Deinen Arbeitsplatz in Gefahr bringen.

Leider zählen hier nicht wie in der Liebe die inneren Werte ...

Gerade einmal 100 Millisekunden braucht das menschliche Gehirn, um sich ein Bild von seinem Gegenüber zu machen – positiv oder negativ. Hat sich dieser Eindruck erst einmal eingeprägt, ist es später ein äußerst schwieriger und langwieriger Prozess, ihn wieder zu revidieren.

Wie sieht es bei einem klassischen Ladengeschäft aus? Hier ist das Schaufenster der erste Eindruck, den ein Kunde von dem Geschäft bekommt.

Die Mitarbeiter zeichnen das Unternehmen aus.

Aus diesem Grund betreiben Ladenbesitzer einen hohen Aufwand, um es besonders zu gestalten, um entsprechend attraktiv und anziehend zu wirken und um sich von den Mitbewerbern abzuheben.

Wie sieht es mit Dir aus? Würdest Du Dich persönlich in so ein Schaufenster stellen? Würdest Du Dich wohlfühlen? Würde Dir der Anblick gefallen? Nein? Was würdest Du dann an Dir ändern, damit Du hier gerne einen Blick riskierst?

Ein Geschäftsführer hat es mir gegenüber mal auf den Punkt gebracht: „Nicht ein Produkt zeichnet ein Unternehmen aus, sondern die Mitarbeiter."

Der Geschäftsführer eines anderen Kunden hat großen Aufwand betrieben und ist zu einer mehrtägigen Veranstaltung von uns gereist. Eines seiner Hauptziele war, mich und meine Kollegen zu beobachten. Er wollte die Stimmung und die Motivation erspüren und sehen, ob und wie ich im Unternehmen vernetzt bin.

Nach einem Kaufabschluss können wenig positive Situationen auftreten. Für ihn war es im Vorfeld wichtig zu erkennen, ob ich einfach nur ein Mitarbeiter von vielen bin und einfach so mitlaufe oder ob ich über ein internes Netzwerk verfüge.

Nur durch das Feedback Deiner Kunden weißt Du, ob die Erwartungshaltung erfüllt worden ist.

Für ihn war klar, dass ich als einzelner Angestellter nur eine begrenzte Handlungsfähigkeit besitze und auf interne Kontakte und Unterstützung angewiesen bin.

Warum weiß ich das? Ganz einfach, ich habe ihn am Ende der Veranstaltung gefragt. Ich wollte wissen, ob seine Erwartungshaltungen erfüllt worden sind und sich die Zeit und der Aufwand für ihn gelohnt haben.

Sei Dir daher Deiner Verantwortung bewusst und verhalte Dich entsprechend. Das gilt selbstverständlich auch, wenn Du augenscheinlich keinen direkten persönlichen Kontakt zu Kunden hast.

Warum? Lies weiter!

Schnellleserfassung

SEI Dir Deiner Verantwortung für das Unternehmen bewusst und verhalte Dich entsprechend.

VERHALTE Dich mindestens genauso, wie Du es auch von Deinem Gegenüber erwartest.

FRAGE Dich: „Was muss ich gegebenenfalls an mir ändern, um mich in einem Schaufenster wohlzufühlen?“

SETZE Deine Antwort auf diese Frage in die Tat um.

6

Freundlichkeit

Angenommen, Du sitzt am Empfang eines Unternehmens. Dein Gesicht ist das Erste, das ein Besucher vom Unternehmen sieht.

Und wie heißt es so schön?

„Der erste Eindruck entscheidet."

Leider erlebe ich es viel zu oft, dass man sich nicht wirklich willkommen geheißen fühlt. Ich denke erneut an mein Beispiel mit der Arzthelferin zurück. Ich erlebe solche Situationen sowohl als Kunde als auch als Verkäufer.

Ändert die Person am Empfang Ihr Verhalten, je nachdem, wer hereinkommt? Wahrscheinlich nicht, denn sie kann es ja gar nicht immer wissen. Und welche Rückschlüsse zieht der Gast aus so einem Verhalten? Genau: Sind alle Mitarbeiter in dieser Firma so drauf?

Menschen in zentralen Positionen wie der Empfang gehören zu den wichtigsten im Unternehmen.

Was gibt es hier bloß für eine Firmenkultur? Möchte ich mit so einem Unternehmen zu tun haben?

Noch schlimmer ist es oft, wenn man telefonisch in Kontakt tritt. Ja, immer diese unverständlichen, genervten, zur Routine gewordenen Anrufannahmen. Service wird hier leider meistens ganz klein geschrieben. Und sofern die Nummer nicht im Telefon eingespeichert ist, kann die Person nicht einmal wissen, wer dran ist. Sehr oft bereut man als Anrufer schon in einem solchen Moment, angerufen zu haben, und würde am liebsten wieder auflegen.

Überlege: Könnte hier nicht gerade der größte neue Kunde in der Unternehmensgeschichte dran sein? Stell Dir das Risiko für das Unternehmen vor! Und selbst wenn es nicht gerade der größte Auftrag ist – jeder andere Auftrag, der verloren geht, ist ebenfalls bares Geld.

Ein weiteres Unding sind die ewig langen Warteschleifen, die lustlos besprochenen automatischen Ansagen oder – in ganz vielen Fällen – Anrufe, die einfach ins Leere laufen.

Bestimmt hast Du das auch schon oft erlebt. Du rufst bei einem Unternehmen an, landest in der Zentrale und hörst diese überaus freundliche, stark modulierende Frauenstimme mit der Kaufhausintergrundmusik:

Lege bei jeder Person dieselbe Freundlichkeit an den Tag wie bei Deinem wichtigsten Kunden.

„Herzlich willkommen bei Firma XY. Wir freuen uns über Ihren Anruf. Wir sind gleich persönlich für Sie da."

30 Sekunden später:

„Wir sind gleich persönlich für Sie da. Die nächste freie Leitung ist bereits für Sie reserviert."

Wieder 30 Sekunden später, die gleiche Ansage. Und so geht es immer weiter, bis Du nach einigen Minuten dann freundlich aus der Leitung geworfen wirst.

„Wir bitten Sie um Verständnis, dass wir Ihren Anruf nicht entgegennehmen können, da sich weiterhin alle Mitarbeiter im persönlichen Gespräch befinden. Bitte probieren Sie es zu einem späteren Zeitpunkt noch einmal. Vielen Dank für Ihren Anruf."

Na, wenigstens handelt es sich um ein persönliches Gespräch, in dem sich die Mitarbeiter befinden. Ich erlebe dann aber oft, dass man es innerhalb eines Tages auch ständig probieren kann, doch immer wieder läuft dasselbe Band. Und mit jedem weiteren Anruf gleitet das „... gleich persönlich für Sie da" immer mehr hinüber ins Ironische bis Zynische. Es ist einfach nicht (mehr) glaubwürdig.

Halte Dir bitte vor Augen, wer in der Regel in der Zentrale anruft: Im überwiegenden Fall sind es Kunden, die noch keinen direkten Ansprechpartner in Deinem Unternehmen haben und deshalb über die allgemeine Nummer anrufen. Zu einem großen Teil werden dies Erstkontakte mit möglichen Neukunden sein.

Nicht selten muss man als Kunde schon einen besonderen Willen aufbringen, um Kunde zu bleiben oder überhaupt zu werden.

An die Arbeitgeber unter den Lesern kann ich hier nur appellieren, dass Du hier in Deine Mitarbeiter investierst. Oft werden solche Stellen mit Aushilfskräften besetzt, die keinen besonders hohen Stellenwert im Unternehmen haben. Diese Herangehensweise ist grundlegend falsch!

Stell Dir vor, jemand ist in der Leitung, der im Internet auf Dich aufmerksam geworden ist. Er oder sie sucht einen Ansprechpartner, um ein größeres Angebot, vielleicht das größte Projekt in Deiner Unternehmensgeschichte, mit Dir zu besprechen. Willst Du wirklich, dass er so etwas erlebt wie beschrieben? Was glaubst Du, wie oft er es noch probieren wird? Ich kann Dir nur von solchen sinnlosen Warteschleifen abraten. Entweder hast Du eine ausreichend hohe Anzahl an Mitarbeitern für die Telefonzentrale.

Oder Du organisierst es so, dass der Anrufer nach einer gewissen Zeit zu einem anderen freien Mitarbeiter im Unternehmen durchgestellt wird. Die sollten natürlich entsprechend informiert und trainiert sein und sehen, dass der Anrufer von der Zentrale weitergeleitet worden ist, damit sie sich entsprechend melden und den Anrufer „richtig“ begrüßen können.

Besonders wichtig ist, dass Du in dem Moment, in dem Du mit Externen in Kontakt trittst, alles andere ausblendest – egal in welcher Position Du konkret bist.

Hast Du gerade private Probleme oder hat Dich Dein Vorgesetzter genervt? Egal. Du darfst Dir das in diesem Moment nicht anmerken lassen und Dein Kontakt darf dies nicht zu spüren bekommen. Wie heißt es so schön?

„The show must go on“

So bitter das in manchen Situationen ist und so schwer es in vielen Momenten mit Sicherheit fällt – Du solltest es zumindest versuchen.

Stell Dir vor, Du gehst zu einer Show eines Comedians. Du hast Geld für die Eintrittskarte bezahlt und Deine Erwartungshaltung ist, dass Du auf lustige Art und Weise unterhalten wirst.

Blende Deine Probleme und Sorgen aus, so gut es geht.

Den Menschen auf der Bühne belasten mit Sicherheit auch irgendwelche Dinge: eine Ehekrise vielleicht oder ein Verwandter mit einer schweren Erkrankung. Trotzdem erwartest Du, dass er die Professionalität hat, für Dich humorvoll zu sein. Was würdest Du denken, wenn Du in einer völlig lustlosen Vorstellung sitzen würdest? Wärst Du enttäuscht und würdest vielleicht sogar Dein Geld zurückhaben wollen? Wenn nicht das, dann würdest Du wohl zumindest keine weitere Vorstellung mehr besuchen und bestimmt auch Deinen Freunden und Bekannten davon erzählen, also negative Werbung machen.

Jetzt denkst Du Dir vielleicht. Gut, das ist sein Beruf und er bekommt Geld dafür! Das stimmt, aber auch Du hast einen Beruf, für den Du bezahlt wirst und Dein Arbeitgeber hat Dich bestimmt nicht eingestellt, damit Du unfreundlich zu seinen Kunden bist. Wenn Du nicht sicher bist, schau am besten noch einmal in Deinen Arbeitsvertrag ...

Unfairerweise habe ich mich jetzt ziemlich lange bei der Berufsgruppe Empfang/Sekretariat aufgehalten. Natürlich gilt das alles für jeden anderen Job auch – egal ob Du in einem Ladengeschäft arbeitest, als Handwerker Kunden besuchst, Zugbegleiter bist, als Security für Sicherheit sorgst, in irgendeinem öffentlichen Amt arbeitest, als Ingenieurin genialste Produkte entwickelst oder welcher Tätigkeit auch immer nachgehst.

Ein Lächeln kann so wertvoll sein.

Sei immer freundlich, zuvorkommend und hilfsbereit.

Dies gilt natürlich nicht nur im Beruf, sondern auch im Privaten.

Nachdem ich bis jetzt viele Negativbeispiele genannt habe, möchte ich das Kapitel mit einem positiven Beispiel abschließen. Es ist bei mir besonders eindrücklich hängengeblieben und begleitet mich bis heute als Paradebei-spiel für Unternehmenskultur. Da ich hier nicht als Kunde, sondern als Verkäufer agiert habe und noch dazu meine Ansprechpartnerin eine Vorstandsassistentin gewesen ist, hat mich dies besonders beeindruckt.

Gerade bei dieser Berufsgruppe hat man oft das Gefühl, dass sie besonders wichtig ist. Oft fragt man sich, ob man es mit dem eigentlichen Vorstand zu tun hat. Wenn man dann noch in der Position ist, dass man etwas möchte, findet man sich schnell ganz weit unten auf der Freundlichkeitsskala wieder. Aber nicht so in diesem Beispiel:

Eine so zuvorkommende Behandlung habe ich selten erlebt, auch nicht als Kunde. Es ging darum, in unserem Interesse eine Veranstaltung bei diesem Kunden zu organisieren. Die Assistentin hat sich während der Organisation regelmäßig gemeldet und vergewissert, ob für uns alles passt, ob wir noch irgendetwas benötigen.

Wie man in den Wald hineinruft, hallt es zurück.

Sie war dabei stets äußerst freundlich. Ich habe mich behandelt gefühlt wie ihr bester Kunde, obwohl es eher umgekehrt gewesen ist.

Es ist natürlich kein Zufall, dass genau aus diesem Unternehmen die Aussage kam „die Mitarbeiter zeichnen eine Firma aus". Am Ende zahlt es sich für das Unternehmen aus. Denn obwohl es mein Kunde ist und nicht umgekehrt, wird es vielleicht auch einmal Gelegenheiten geben, in denen es auf mich angewiesen ist. Natürlich erhöht ein solches Verhalten dann die Motivation.

Ich möchte an dieser Stelle aber auch noch eine Lanze für die Assistentinnen brechen. Denn natürlich ist es eine ihrer Kernaufgaben, eine Art Filter zu sein und nicht jeden zum Chef zu lassen. Auch sie sind nur Menschen und wie in vielen anderen Bereichen des Lebens helfen auch hier der nötige Respekt und Sympathie. Aus meiner Sicht hängt alles viel damit zusammen, mit welcher Einstellung Du in ein solches Gespräch gehst. Erfolgt es mit der Assoziation eines „Drachens" und dem Gedanken, wie Du schnellstmöglich an ihr zur Geschäftsführung vorbeikommst, wird „der Drache" das spüren. Wie würdest Du Dich denn fühlen, wenn Du merkst, dass Du nur Mittel zum Zweck bist? Betrachtest Du die Assistentin allerdings als Deinen wichtigsten Gesprächspartner, schenkst ihr die volle Aufmerksamkeit und Respekt, kann dies wahre Wunder bewirken.

Ich verweise an dieser Stelle auf die Flirtphasen in *Band 3*: Fall niemals direkt mit der Tür ins Haus und durchlaufe die Phasen in dieser Kommunikation immer nur Schritt für Schritt. Auch hier gilt: Es ist eine Art Verkaufssituation. Du musst der Sekretärin verkaufen, warum sie ausgerechnet Dich durchstellen soll.

Schnellleserfassung

ACHTE auf den ersten Eindruck und schenke Deinem Gegenüber schon aus der Entfernung ein Lächeln.

NIMM jeden Telefonanruf mit Sympathie entgegen.

SEI stets freundlich, zuvorkommend und hilfsbereit.

BEHANDLE jeden Gesprächspartner mit Respekt und schenke ihm die volle Aufmerksamkeit.

VERGISS Deine Sorgen.

ÜBERLEG Dir, welche positiven Erinnerungen (z. B. ein schönes Urlaubserlebnis) Dir ein Lächeln ins Gesicht zaubern.

PROJIZIERE diese Bilder vor einem Termin in Deinen Kopf.

7

Körperpflege

Warum nur auf die Körperpflege achten, wenn man in einem klassischen Serviceberuf oder in hygienisch verantwortlichen Bereichen arbeitet? Es gibt keinen Grund! Achte stets auf Deinen Körper, allein schon Deinen Mitmenschen zuliebe. Der Fairness halber muss man sagen, dass dieses Kapitel überwiegend den Männern gewidmet ist. Frauen haben erfahrungsgemäß einen höheren Anspruch an ihre Körperpflege und meist auch keine Berufe, in denen sie ölig oder staubig werden.

Auch bei diesem Thema habe ich im Laufe der Jahre dazugelernt und bin dennoch bei Weitem auch noch nicht perfekt. Man schafft es nicht, jede unglückliche Konstellation aus dem Weg zu räumen. Zu Beginn noch eine kleine Anekdote hierzu:

Ich war gerade mit dem Schreiben dieses Kapitels fertig, da hatte ich einen wichtigen Termin in der Münchner Innenstadt.

„Nobody is perfect.“

An sich bin ich eine Person, die zu einem Termin lieber eine Stunde zu früh, als drei Minuten zu spät kommt. Aus diesem Grund plane ich auch immer ausreichend Zeit ein.

Der Sommer 2018 war ein sehr warmer und ich hatte mich entschieden, mit öffentlichen Verkehrsmitteln zu fahren. Getreu meinem Motto nahm ich eine S-Bahn früher und nahm mir ausreichend Zeit zum S-Bahnhof. Als ich zehn Minuten vor der eigentlichen Abfahrt an der Haltestelle ankam, stand hier bereits eine S-Bahn. Ich konnte aber nicht erkennen, für welche Richtung. Ich war hin- und hergerissen: bei über 30 Grad im Anzug rennen in der Annahme, dass es meine ist, oder aber kein Risiko eingehen. Ich hatte ja schließlich noch genügend Zeit. So hatte ich mich für den Mittelweg entschieden und bin schnellen Schrittes zur S-Bahn gegangen. Es war tatsächlich meine. Die vorherige hatte zehn Minuten Verspätung. Nur war ich leider zu langsam und die Türen schlossen sich direkt vor meiner Nase. Leider hatte die Taktik mit der „Transpirationsvermeidung“ ebenfalls nicht geholfen und weitere rund 20 Minuten Wartezeit in der prallen Sonne hatten ihr Übriges getan. Da die S-Bahn dann aufgrund weiterer Probleme nicht normal weiterfahren konnte, kam ich am Ende auch noch ein paar Minuten zu spät und noch dazu verschwitzt zum Termin.

Hinterlasse bei Deinen Kunden einen guten Eindruck und nicht Deine Hautschuppen.

Mit diesen Gedanken habe ich im Zug gesessen. „Das kann doch nicht wahr sein. Da schreibst Du gerade das Kapitel und gibst gute Tipps und dann passiert es Dir selbst.“ Wie gesagt, man kann nicht alle Unwägbarkeiten in seiner Zeitplanung berücksichtigen. In meinem Fall hatte ich fast dreimal so lange für dieselbe Fahrtstrecke benötigt.

Einer Studie des Forschungsinstituts zur Zukunft der Arbeit zufolge erhöht gutes Aussehen die Jobchancen um bis zu 20 Prozent. Hierbei sind das Gesicht und die Haare noch deutlich wichtiger als die Kleidung, denn sie werden als Erstes erblickt.

Früher haben Haare beziehungsweise ihre Farbe über Leben und Tod entscheiden können. Denke nur an die roten Haare der vermeintlichen Hexen im Mittelalter. Und: Besonders Frauen untermauern eine Veränderung in ihrem Leben oftmals mit einer neuen Frisur.

Alle Leser, die aus diversen Gründen keine Haarpracht mehr zu verzeichnen haben, sind natürlich trotzdem in der Verantwortung ihrer Oberkopfpflege. Aus genetischen Gründen sind hiervon fast ausschließlich Männer betroffen. Lass Deinen Kopf stets frisch rasiert und gecremt im frischen Glanz erscheinen. Es schadet Deiner Optik, wenn vereinzelte längere Haarbüschel Dein Haupt verunzieren. Vor allem die Frage, wann die vorhandene Haaranzahl noch für eine ordentliche Frisur ausreicht, ist nicht einfach zu beantworten.

Ich kann hiervon leider persönlich ein Lied singen. Faustregel: Spätestens, wenn Du alle Deine Haare einzeln abzählen kannst, sollten sie ganz ab beziehungsweise gekürzt werden und das konsequent. Natürlich spielt die Haarpflege an sich eine wichtige Rolle. Fettige Haare, Haarspliss, Schuppen – all das muss vermieden werden. Hinterlasse bei Deinen Kunden einen guten Eindruck und nicht Deine Schuppen.

Dazu zählt auch Dein Gesicht. Deine Haut ist die Fassade Deines Körpers. In der Architektur kommt der Fassade eine besondere Bedeutung zu und sie ist überwiegend *das* Hauptgestaltungsmerkmal.

Ist die Fassade erst einmal gebaut, muss sie auch regelmäßig gereinigt und gepflegt werden. Denn selbst die schönste Architektur wird durch Verwitterung und mangelnde Instandhaltung zerstört.

Was denkst Du beim Anblick eines solchen Gebäudes?

Denkst Du, die Besitzer haben kein Geld oder es ist Ihnen egal? Würdest Du Dich hier wohlfühlen? Könntest Du Dir vorstellen, mit den Eigentümern Geschäfte zu machen?

Nein? Und den gleichen Eindruck erweckst Du, wenn Du Dich nicht pflegst.

Gut, wir Menschen haben in der Regel keinen Einfluss auf die Gestaltung unserer Fassade, zumindest nicht, wenn man nicht operativ eingreifen möchte. Aber wir können uns zumindest um die Reinigung und Pflege kümmern. Nicht nur Frauen können mit etwas Farbe nachhelfen. Nichts ist unschöner als eine bröckelnde Fassade, pflege daher Deine äußere Schutzschicht. Gerade trockene Haut benötigt etwas mehr Creme und sie verleiht Deinem Gesicht einen gesunden Eindruck.

Ich maße mir hier nicht an, Frauen Schminktipps zu geben. Ob Du Dich schminkst und wenn ja wie intensiv, ist aus meiner Sicht jedem selbst überlassen. Persönlich würde ich sagen: lieber etwas dezenter als zu viel. Sonst läufst Du Gefahr, dass sich Dein Gegenüber zu sehr ablenken lässt. Überleg Dir gut, ob Du ihn mit Deinen Malkünsten oder mit Deinen Worten fesseln willst.

Der Geruch ist ein sensibles Thema und kann vielversprechende Kontakte verhindern.

Wichtig ist, dass Du Dich in Deiner Haut selbst wohlfühlst und mit Deinem Äußeren zufrieden bist, dann strahlst Du dies auch aus. Letztendlich verleiht Dir dies auch mehr Souveränität und Selbstbewusstsein.

Andere Sinnesorgane wie Mund, Nase und Ohren gehören selbstverständlich auch zum Gesicht. Bitte achte hier ebenfalls auf die entsprechende Pflege.

Haare und Gesicht sind auch deshalb so wichtig, da man sie schon aus der Entfernung, wenn man aufeinander zugeht, wahrnehmen kann.
Spätestens, wenn man sich bei der Begrüßung die Hand gibt, ist der Abstand auf wenige Zentimeter reduziert und das nächste Sinnesorgan kommt in Spiel: die Nase.

Ich hoffe jetzt einmal, dass Deine Duftwolke nicht so stark ist, dass sie Dir um Meter vorauseilt. Dann solltest Du Dich definitiv immer gegen den Wind bewegen. Werden die Duftspuren aus eigenem Körpergeruch und Parfum zu stark, so büßt Du sehr schnell jeglichen Sympathiebonus ein. Es spielt eine entscheidende Rolle, ob Du jemanden „riechen“ kannst oder nicht. Von daher verwende bitte die in den Drogeriemärkten handelsüblichen Produkte, passend zu Deiner Transpiration.

Eine Dusche am Morgen vertreibt Kummer und Sorgen.

Nichts ist unangenehmer, als mit einer Person in einem Raum zu sitzen, die einen ausgeprägten Körpergeruch hat. Hierzu gehört meiner Meinung nach auch ein zu aufdringliches Parfum.

Grundlage zur Geruchsvermeidung ist selbstverständlich eine regelmäßige Dusche. Sie entfernt nicht nur Körperdüfte, sondern sorgt zudem für ein besseres Körpergefühl. Am Morgen hilft sie Dir, positiver in den Tag zu starten, und am Abend, mit einem besseren Gefühl in den Schlaf zu schlummern.

Vielleicht geht es Dir auch so wie mir? Nach einer längeren Reise habe ich das unbedingte Verlangen nach einer Dusche, um mir den Schmutz der Strapazen herunterzuschrubben, und für einen anderen Geschmack im Mund die Zähne zu putzen.

Die Zahnpflege sollte natürlich nicht nur in solchen Momenten, sondern kontinuierlich erfolgen. Neben der regelmäßigen Verwendung von Zahnbürste und -creme empfehle ich auch die tägliche Anwendung von Zahnseide. Sie hilft nicht nur, die Zahnzwischenräume sauber zu halten, sondern festigt auch das Zahnfleisch. Leider hat mich selbst dieser Tipp erst zu spät erreicht, sodass ich mich zu lange auf das „klassische" Handwerkszeug verlassen habe.

Überwinde Deine Hemmungen und weise Deine Mitmenschen auf unangenehme Situationen hin.

Der Geruch ist ein sehr sensibles Thema, für beide Seiten. Vor allem ist es für Menschen, die etwas ausgeprägter duften, schwierig, Ihren eigenen Geruch wahrzunehmen.

Oftmals ist ihnen gar nicht bewusst, welche Wirkung sie auf andere Nasen haben. Wenn Dir zum Beispiel bei Kollegen öfter etwas unangenehm auffällt und zu vermuten ist, dass das nicht nur an dem gerade außergewöhnlich heißen Sommertag liegt, so hilf der anderen Person. Gib ihr einen freundlichen Hinweis, so schwer es in dieser Situation auch fallen mag.

Ich weiß, es kostet ziemlich große Überwindung. Wenn Du oder Deine Mitbetroffenen sich nicht direkt trauen, vielleicht kennt ja jemand den Lebenspartner gut und kann es hier mit einem Hinweis versuchen.

Zu guter Letzt bleiben die Hände. Der geschäftliche Händedruck stellt einen Kontakt zum Kunden her und hinterlässt, ähnlich Deinem äußeren Erscheinungsbild, einen Eindruck.

Und ich schreibe von Händen, nicht von Reibeisen. Liebe Männer, auch Deine Partnerin wird es Dir danken, sobald Du sie berührst. Frauen bevorzugen für Körperpeeling in der Regel eher wohltuende Salze und nicht Deine ungepflegten Hände.

Pflege Deine Hände mit allem, was dazugehört.

Den Abschluss Deiner Hände bilden die Fingernägel. Bilderrahmen können Gemälde in ein ganz anderes Licht rücken und sind ein Gestaltungsmerkmal für sie. Bei Deinen Fingernägeln sollte dies allerdings nicht mit tiefem Schwarz darunter erfolgen. Auch die richtige Länge ist zu beachten.

Hier verwende ich den Arzt wieder als Beispiel. Hättest Du ein gutes Gefühl dabei, wenn Du auf dem Zahnarztstuhl liegst und sich tiefschwarze „Krallen“ Deinem offenen Mund nähern, um Dein Zahnleiden zu heilen? Da hilft dann auch nicht mehr das gründliche Spülen nach der Behandlung.

Du denkst Dir jetzt: „Gut, das ist ja ein Arzt, seine Hände werden auch nicht schmutzig bei der Arbeit. Für ihn ist es deutlich einfacher, die Hände sauber zu halten?“

Leider liegst Du hier nicht ganz richtig. Seine Hände werden zwar nicht optisch verschmutzt, dafür aber mit Bakterien. Aus diesem Grund wäscht – und desinfiziert! – er sich die Hände mehrfach am Tag. Und genauso kannst Du es auch halten.

Und nur, weil Deine Hände während der Arbeit schmutzig werden, ist dies noch lange kein Grund, dass sie es auch bleiben und schon gleich gar nicht, dass Du hiermit am nächsten Tag bei der Arbeit erscheinst. Es helfen auch gepflegte Hände dabei, sie wieder einfacher sauber zu bekommen.

Nutze das Thema *Sauberkeit* um Dich von Deinen Wettbewerbern zu differenzieren.

Gerade bei den angesprochenen Berufsgruppen – ich zähle hier zum Beispiel Handwerker dazu – können gepflegte Hände den entscheidenden Unterschied machen. Ich gehe hierauf am Ende des nächsten Kapitels ein.

Schnellleserfassung

DUSCHE regelmäßig und verwende geeignete Pflegeprodukte.

PASSE den Haarschnitt an Deine Haarpracht an.

PFLEGE stets Dein Gesicht und Deine Hände inklusive der Fingernägel.

VERMEIDE Gyros oder Döner auf dem Weg zum Termin.

PLANE genügend Zeit für die Anfahrt zum Termin ein, nicht dass Du in Stress gerätst und unnötig schwitzt.

HABE stets ein Deo für den Fall der Fälle dabei.

FÜHRE immer Kaugummis mit Dir.

PACKE an besonders heißen Tagen ein Ersatzhemd ein.

FAHRE nur dann mit dem Fahrrad, wenn die Distanz zu Deiner körperlichen Verfassung passt.

VERWENDE kein zu aufdringliches Parfum.

STELL Dich vor einen Spiegel und betrachte Dich mit den Augen Deines Gegenübers.

8

Kleidung

Die Kleidung ist für das Erscheinungsbild und das Auftreten natürlich ein entscheidender Faktor. Denke hier vor allem an das Schaufenster. Nicht umsonst heißt es ja:

„Kleider machen Leute."

Und wenn Du jetzt denkst: Ich arbeite ja nur im Büro, mich sieht ja keiner ... Falsch gedacht!

Erstens hast Du wahrscheinlich auch Kollegen, die Du mit Deinem Anblick belästigen kannst. Von daher solltest Du Dich zumindest den Gepflogenheiten im Unternehmen anpassen. Liegen diese unter Deinem Anspruch, gehst Du mit gutem Beispiel voran und setzt einen neuen Trend.

Da Du Dich als Leser dieses Buches aber nicht dafür interessierst, wie Du Dich der Masse anpasst, sondern positiv abhebst, gebe ich Dir ein paar Gedankenanstöße mit auf den Weg.

Denke an den Überraschungsgast: Unverhofft kommt bekanntlich oft.

Wie hältst Du es mit der Ordnung in Deinem privaten Reich? Bist Du eher der Typ, der immer dann in Aktionismus verfällt und aufräumt, wenn Besuch angekündigt ist und nimmst somit das Risiko in Kauf, dass ein unangemeldeter Besucher unerwartet vor der Tür steht, der bei Dir reines Chaos vorfindet? Oder bist Du für diesen Moment stets gewappnet und hältst immer dasselbe Level?

Meine Mutter gehörte zu den Personen, die einen hohen Anspruch an Ordnung hatte und dies entsprechend vorlebte. Auch wenn uns Kinder dies immer genervt hatte, kam irgendwann der Moment, in dem auch wir froh waren, dass sie diesen konsequenten Ordnungssinn hatte.

In der Fernsehsendung „Die Zeit läuft" muss der Moderator innerhalb von drei Stunden einen Kandidaten auf der Straße finden, der bereit ist, sofort eine Urlaubsreise von einer Woche anzutreten. Mein Vater ist einer von ihnen gewesen. Dies hat zur Folge gehabt, dass innerhalb kürzester Zeit Kamerateams durch unser Haus gezogen sind und hierbei natürlich auch in den privateren Bereichen wie Bad und Schlafzimmer Aufnahmen gemacht haben. Das Bildmaterial war für ein Millionenpublikum gemacht.

Spätestens mit diesem Erlebnis war auch mir klar, welchen Sinn die Ordnungsmaßnahmen meiner Mutter hatten.

Sei stets vorbereitet. Dein Tag kann ganz schnell anders laufen als geplant.

Genauso kann es auch Dir ergehen. Gut, es muss jetzt nicht unbedingt ein Fernsehteam bei Dir unerwartet im Büro auftauchen. Aber es kann zumindest ein Kunde sein.

Stell Dir vor, Du sitzt gerade im „Schlabberlook" im Büro und es kommt ein Anruf vom Empfang, dass Du Besuch hast. Ein Kunde von Dir ist gerade in der Nähe gewesen und will Hallo sagen. Es kann natürlich auch sein, dass er nicht unerwartet auftaucht, sondern aufgrund eines Termins mit einem Deiner Kollegen bei Dir im Unternehmen ist und Du ihm zufällig auf dem Flur begegnest.

Ich habe all das schon persönlich erlebt, leider auch zu meiner Zeit als Ingenieur, als ich von meiner Einstellung her noch nicht so weit war. Daher weiß ich, wie unangenehm es ist, wenn man in alter Jeans und T-Shirt ein Gespräch mit seinem Auftraggeber im Anzug führt. Man fühlt sich automatisch in der Defensive und in einer „schwächeren" Position, vermutlich ausgelöst durch die gleichen Verhaltensmuster wie bei der Transaktionsanalyse. Nach der von Eric Berne (US-amerikanischer Psychiater 1910-1970) benannten psychologischen Theorie, gibt es in der menschlichen Persönlichkeitsstruktur drei „Ich-Zustände" genannte Verhaltensweisen zwischen denen die Menschen hin- und herwechseln (siehe hierzu *Band 2 – Die wunderbare Welt der Kunden)*.

Die Kleidung beeinflusst Dein Bewusstsein und somit Deine Stimme.

Es muss aber nicht der spontane Gast im Büro sein. Es gibt auch den unerwarteten Anruf, der Dich außer Haus zwingt.

Ich sollte einmal spontan am selben Tag als Krankheitsvertretung für einen wichtigen Bauherrentermin nach Graal-Müritz an der Ostsee reisen. Mein Glück in diesem Fall war, dass ich für einen anderen Termin schon entsprechend angezogen war, sodass ich mit gutem Gefühl direkt zum Flughafen fahren konnte. Stell Dir vor, ich wäre in alter Jeans und T-Shirt am Arbeitsplatz erschienen. Einzige Möglichkeit wäre dann gewesen, mich am Flughafen komplett neu einzukleiden, wenn die Zeit dafür gereicht hätte.

Wahrscheinlich gibt es auch Leser mit Berufen im Vertriebsinnendienst oder Support, die sich an dieser Stelle denken: Gut, aber ich werde nie und nimmer irgendjemanden zu Gesicht bekommen, werde nie das Büro spontan verlassen müssen, da ich „nur" am Telefon sitze. Und meine Kollegen sind mir auch egal. Daher reicht für mich die Freizeitkleidung.
Leider nehme ich auch Dich nicht aus der Verantwortung. Nicht nur, weil ich mich an eine Situation erinnern kann, an dem ein Supportmitarbeiter für einen etwas kniffligeren Fall spontan zum Kunden musste, obwohl er sonst reinen Telefonsupport gemacht hatte. Nein, sondern auch, weil die Kleidung Einfluss auf Deine Ausstrahlung und Stimme hat.

Deine Kleidung muss zum Berufsbild passen.

Deine Stimme klingt am Telefon mit anderer Kleidung und Haltung anders.

Es muss bei den Männern natürlich nicht immer der Anzug oder bei den Frauen das Kostüm sein. Gerade in kreativeren Berufen kann er aus meiner Sicht genau das Gegenteil bewirken, da er zu „steif" wirkt und nicht die eigene Kreativität untermauert. Viele Berufe haben ihre typischen Stilbilder: von der Ärztin in Weiß bis zum Architekten in Schwarz.

An dieser Stelle vielleicht noch ein anderes Beispiel dazu, welche Wirkung Kleidung auf Dich selbst hat: Was würdest Du denken, wenn Du zum Arzt gehst und er empfängt Dich mit Löchern in den Hosen und einem alten, ausgeleierten T-Shirt. Hättest Du dann noch Vertrauen zu ihm? Nein? Aber es ist doch derselbe Arzt! Nur weil er eine andere Hose trägt, verliert er ja nicht seine Fähigkeiten und umgekehrt wird er durch eine weiße Stoffhose kein besserer Arzt. Es ist ausschließlich die Wahrnehmung, die einem hier einen Streich spielt. Den gleichen Effekt hätte es wahrscheinlich, wenn er einen Anzug anhätte. Auch ich persönlich trage nicht jeden Tag einen Anzug. Aber zumindest ziehe ich im Büro nicht mehr Jeans und T-Shirt an, sondern zum Beispiel eine ordentliche Chinohose mit einem Hemd. Damit habe ich einen Kleidungsstil, der zu 98 Prozent meiner Kunden passt. Die letzten zwei Prozent Risiko gehe auch ich ein.

Weiß steht für Sauberkeit. Mit Hemden in diesem Ton bist Du stets gut gekleidet.

Zum Thema Hemd habe ich zwei Ansätze für Dich. Welcher besser zu Dir passt, darfst Du allein entscheiden.

Bei einem Präsentationstraining rief der Trainer zwei Teilnehmer nach vorne. Der eine hatte ein kariertes Hemd an, der andere ein weißes. Der Coach legte beiden Piloten-Schulterklappen auf die Schultern und fragte, wer damit besser aussehe.

Natürlich haben sich alle für das weiße Hemd entschieden. Mit dem karierten hat es ziemlich lächerlich ausgesehen. Weiß steht für Sauberkeit. Man denke nur an die kilometerlange Wäscheleine mit weißen Kleidungsstücken aus der Fernsehwerbung eines Waschmittelherstellers. Nicht umsonst spricht man auch davon, eine weiße Weste zu haben.

Für mich ist das der Beginn meiner „Weißhemdenzeit“ gewesen.

Deine Schuhe gehören zur Kleidung und sind somit ein wichtiger Bestandteil des Gesamtbildes.

Seitdem ist mein Kleiderschrank ziemlich eintönig geworden. Weiß hat zudem den Vorteil, dass es zu so gut wie allen anderen Kleidungstücken passt, was die morgendlichen Überlegungen deutlich vereinfacht. Der Nachteil ist allerdings, dass der Verschleiß irgendwie höher ist. Vermutlich wird durch das Bleichen der Baumwolle das Material stärker angegriffen.

Rund zwei Jahre später habe ich an einem anderen Training teilgenommen, bei dem es in einem Teil auch um Präsentation gegangen ist. Die Meinung der Trainerin ist gewesen, dass immer nur Weiß ziemlich langweilig sei und man besser etwas Abwechslung ins Spiel bringe.

Welche dieser beiden Theorien besser zu Dir passt, überlasse ich Dir. Ich bin bei Weiß geblieben. Das Bild mit den Schulterklappen hatte sich einfach zu deutlich eingeprägt.

Da ich jetzt schon über Anzug und Hemd geschrieben habe, schließe ich diesen männerspezifischen Teil mit der Krawatte ab. Aus meiner Erfahrung verschwindet sie immer mehr aus dem Berufsleben und es gibt zunehmend mehr Branchen, in denen selbst die Geschäftsführung keine Krawatte mehr trägt.

Generell gilt: Der Schuh gehört zur Kleidung. Sind Deine Schuhe sauber? Passen sie zur Kleidung? Wenn Du Erfolg ausstrahlen willst, kannst Du nicht mit ausgelatschten und ungeputzten Schuhen erscheinen.

Kleide Dich nicht für die Position, die Du hast – sondern für die, die Du willst.

Genau wie Du möchte auch die Schuhcreme regelmäßig Tageslicht sehen. Das heißt: Hol sie aus dem Schrank und verhilf Deinen Schuhen unter Verwendung der richtigen Bürste zum Glanz.

Gerade auf langen Veranstaltungen wie Messen sollte das Schuhwerk zwar elegant, aber trotzdem auch bequem sein (siehe hierzu auch *Band 3 – Der Flirt mit dem Kunden*). Schmerzende Füße schlagen sich negativ in der Körperhaltung nieder und wirken sich negativ auf die Gesamtausstrahlung aus.

Wenn Du Dir immer noch unsicher bist, welcher Kleidungsstil für Dich angemessen ist, habe ich hier noch eine Erkenntnis für Dich, zu der ich leider erst nach einigen Jahren Berufserfahrung gelangt bin.

Für den Fall, dass Du Karriereambitionen hast oder einfach nur in einen anderen Job wechseln möchtest, solltest Du Dich immer für die Position kleiden, die Du anstrebst. Denn sich erst zum entsprechenden Zeitpunkt im Bewerbungsgespräch zu „verkleiden“, hilft Dir nicht weiter. Du musst ein Gespür für die Kleidung entwickeln und sich mit ihr anfreunden. Du musst Dich in ihr wohlfühlen. Das wird Dir nicht gelingen, wenn dies für Dich eine „Ausnahmesituation“ ist. Die Natürlichkeit wird Dir abhandenkommen.

Deine Kleidung sollte immer sauber und gepflegt sein.

Wenn Kleidung wie ein Fremdkörper auf Dir sitzt, wirst Du hierdurch zu sehr abgelenkt. Du brauchst zumindest bei diesen grundlegenden Dingen Routine, sodass Du Dich voll auf den Inhalt des Gesprächs konzentrieren kannst.

Dies gilt erst recht, wenn Du Dich innerhalb desselben Unternehmens auf eine andere Stelle bewirbst. Hier kennen Dich wahrscheinlich die beteiligten Personen und wissen ganz genau, dass Du eher eine einmalige „Aufhübschungsaktion“ unternommen hast.

Du musst deshalb schon vorher demonstrieren, dass Du für den Job geeignet bist und quasi so agieren, als hättest Du die neuen Aufgaben schon verantwortungsvoll übertragen bekommen. Und hier gehört die Kleidung definitiv dazu.

Dies gilt natürlich nicht für Leser, die zum Beispiel aus Sicherheitsgründen Berufskleidung tragen müssen. Bitte trage die geforderte Kleidung unbedingt! Auch hier gilt natürlich, dass die Kleidung trotzdem sauber und gepflegt sein sollte. Selbstverständlich ist es ein erhöhter Aufwand, wenn Du weißt, dass Deine Kleidung spätestens nach ein paar Stunden Arbeit wieder verschmutzt ist. Trotzdem solltest Du zu Arbeitsbeginn nicht schon vollkommen verdreckt erscheinen. Gerade im Zeitalter der Waschmaschinen hält sich der hierfür benötigte Zeiteinsatz durchaus in Grenzen.

„Kleider machen Leute“.

Dies gilt ebenso, wenn sich Dein Tätigkeitsgebiet zum Beispiel zwischen Baustelle und Kundenservice abwechselt. Ich kann mich nur zu gut an eine Situation erinnern, als ein Servicemonteur bei uns schon morgens mit verstaubter Arbeitshose vor der Tür gestanden und um Einlass gebeten hat. Wenn Du bei Deinen Kunden sichtbare Spuren hinterlassen willst, ist das vielleicht eine gute Idee, aber nicht, wenn Du hier einen positiven Eindruck hinterlassen und zufriedene Kunden gewinnen möchtest.

Sauberkeit ist bis dato leider für viele Handwerker kein Qualitätsmerkmal. Von daher ist dies auch eine sehr gute Möglichkeit, um sich von Deinen Wettbewerbern abzuheben (siehe hierzu auch *Band 5 – Schürfen bis es glänzt)*. Ich kann Dir versichern: Deine Kunden werden hellauf begeistert sein, wenn Du top gepflegt an der Tür stehst und dann noch von Dir aus die Schuhe aus- oder Überschuhe anziehst.

Achte hierbei auch darauf, dass Deine Socken gewaschen und nicht mit Löchern durchsetzt sind. Gerade wenn man fliegt, kann es ansonsten an den Sicherheitskontrollen zu unangenehmen Situationen kommen. Es sei denn, Du möchtest dem Security-Personal mit Deinen Zehen zuwinken.

Schnellleserfassung

TRAGE stets saubere und gepflegte Kleidung.

VERWENDE Accessoires wie Taschen, die zu Deiner Kleidung passen.

PUTZE Deine Schuhe regelmäßig mit geeigneten Produkten.

WECHSLE Deine Socken mindestens täglich.

SORTIERE Deine abgewetzten Socken und Unterwäsche* aus dem Schrank.

* Du fragst Dich jetzt vielleicht, was denn die Unterwäsche damit zu tun hat? Ich habe sie hier aus zwei Gründen mit aufgeführt: Zum einen fängt das gute Körpergefühl nicht nur bei der Kleidung an, die nach außen hin sichtbar ist. Zum anderen kann es immer zu unvorhergesehenen Situationen kommen. Ich denke hier nicht nur an den spontanen Flirt, sondern zum Beispiel auch an einen Unfall, der einen spontanen Arztbesuch erforderlich macht.

9

Auftreten

Welche Aura umgibt Dich als Person? Wie sieht es aus, wenn Du einen Raum betrittst? Erhellst Du den Raum oder wirfst Du Schatten? Hast Du ein selbstbewusstes Auftreten?

Dein persönliches Erscheinungsbild und Deine Ausstrahlung sind ein entscheidender Faktor, wenn Du jemanden begeistern willst. Vor allem ist es auch eine wesentliche Basis für das Vertrauen, das geschaffen werden soll. Liebe Ärzte, bitte verzeiht mir, dass ich Eure Berufsgruppe überstrapaziere. Aber gerade dieses Berufsbild ist für mich besonders mit Vertrauen behaftet, von daher verwende ich Euch gerne als bildliches Beispiel.

Stell Dir also vor, Du stehst kurz vor einer OP, liegst in Deinem OP-Hemd auf dem Bett und lernst Deinen Chirurg kennen. Würdest Du mit gutem Gewissen in Narkose gehen, wenn hier eine total verunsicherte und schüchterne Person mit Dir sprechen würde?

Such Dir eine Aufgabe im privaten Umfeld und nutze sie zum Trainieren.

So lange es sich nicht um eine überlebenswichtige Operation handelt, würde ich wahrscheinlich sofort aufspringen und den OP-Saal verlassen.

Natürlich sind nicht alle Personen extrovertiert, was auch gut so ist, und nicht alle extrovertierten Menschen sind unbedingt selbstbewusst. Genauso ist nicht gesagt, dass Du als introvertierte Person ein schüchternes Auftreten haben musst.

Genau hier gilt wie bei vielen anderen Dingen: Du kannst es lernen.

Ich zum Beispiel war in der Schule extrem schüchtern. Wenn ich an die Tafel oder vorlesen musste, war das für mich das Grauen. Ein Referat vorzutragen, hat in meinem Gesicht eine Röte generiert ähnlich des Abendrotes in einem romantischen Film.

Ich möchte jetzt nicht von mir behaupten, dass ich mittlerweile Vollprofi bin. Immerhin ist es mir inzwischen möglich, vor ein paar hundert Leuten auf der Bühne zu stehen und zwei halbwegs zusammenhängende Sätze herauszubringen. Ich habe über viele Jahre hart an mir gearbeitet und mir hierfür zunächst Trainingsbedingungen gesucht. Denn letztendlich hilft nur Üben, Üben, Üben. Hierfür braucht es die nötige Überwindung und den Willen.

Lob und kleine Erfolge stärken Dein Selbstbewusstsein.

Für die, die es interessiert, wie ich hier vorgegangen bin, ist der nachfolgende Text. Alle anderen springen bitte einfach zum übernächsten Absatz.

Auf der einen Seite waren mir die oben beschriebenen Situationen so peinlich, dass ich sie nicht für mein ganzes Leben akzeptieren wollte. Auf der anderen Seite hat es mich schon viel Überwindung gekostet, hier etwas aktiv zu ändern (siehe auch *Band 6 – Durch Umsetzung zum Erfolg*). Aus diesem Grund habe ich ein Thema gesucht, das mich so sehr interessiert und mir so viel Spaß macht, dass ich diesen wichtigen Schritt wage. Diese Suche hat mich zum Thema „Komparse" gebracht, da ich schon immer interessiert daran war, wie es vor der Kamera zugeht. Mit dieser Neugier konnte ich über meinen Schatten springen, bin das Ganze angegangen und habe es sogar bis hin zu kleineren Sprechrollen geschafft. Nach einiger Zeit habe ich mein „Projekt" dann allerdings wegen Zeitmangels wieder aufgegeben. Noch dazu war der eigentliche Zweck ja erfüllt. Ich hatte einen riesigen Schritt gemacht und war von meiner Idee begeistert. Anstatt für ein aufwendiges Training viel Geld zu bezahlen, hatte ich sogar noch welches bekommen.

Ein weiterer wesentlicher Garant für ein sicheres Auftreten sind für mich Erfolge und Lob. Suche Dir im privaten und beruflichen Bereich Themen, bei denen Du Dich positiv darstellen kannst.

Energiesauger vereinsamen mit der Zeit.

Vielleicht gibt es ja einen Verein, bei dem Du Verantwortung übernehmen kannst, zum Beispiel als Trainer oder auch bei der Organisation eines Festes. Bewältige Deine Aufgaben dann gut und erhalte entsprechend positive Anerkennungen. Dies wird Dir entsprechendes Selbstbewusstsein geben. Wenn Du Vorträge üben willst, fang vielleicht in einem kleinen privaten Kreis an, zum Beispiel mit einer kleinen Ansprache zum Geburtstag.

Ein weiterer wichtiger Punkt neben Deinem sicheren Auftreten ist positive Ausstrahlung. Was für ein Typ bist Du? Ist bei Dir das Glas in der Regel halb voll oder halb leer? Redest Du lieber über Deine körperlichen Leiden oder über Deine spannenden Freizeiterlebnisse? Bitte versteh mich nicht falsch. Natürlich darf man sich auch einmal über nicht so positive Dinge austauschen und gerade dafür hat man auch Freunde. Nur sollte immer die Balance gewahrt bleiben. Ansonsten passiert es leicht, dass Du zum Energiesauger wirst. In der Physik gilt der Energieerhaltungssatz. Er besagt, dass in einem abgeschlossenen System die Summe aller Energien immer konstant ist. Das heißt: Die Energie, die Du aufnimmst, muss von irgendwo herkommen und dies sind in der Regel die Menschen in Deiner Nähe. Nur benötigen die ihre Energie erst einmal selbst. Wenn Du ihnen wiederum nicht ebenfalls mal Energie gibst, ist ihr Akku irgendwann leer.

Belebe andere mit Deiner Energie.

Hierdurch zwingst Du sie mit der Zeit zum reinen Selbsterhaltungstrieb, in dessen Folge sie den Kontakt mit Dir abbrechen werden, um selbst überleben zu können und nicht komplett ausgesaugt zu werden.

Umgekehrt gilt das natürlich genauso. Bist Du überwiegend positiv, gut gelaunt und bereicherst andere mit Deiner Energie, wirst Du mit Deiner Leuchtkraft die gleiche Anziehung auf Deine Mitmenschen haben wie das Licht auf kleine Flugtierchen.

Schnellleserfassung

HABE ein selbstbewusstes und sicheres Auftreten.

LÄSTERE nicht über Personen, die sich nicht im Raum befinden.

VERHALTE Dich stets professionell und respektvoll.

STRAHLE positive Energie aus.

SPAZIERE lieber noch einmal um den Block, um Deinen Kopf freizubekommen.

ÜBERLEGE Dir, welche Dinge Dich in positive Stimmung (z. B. Musik) versetzen.

NIMM Dir an schlechten Tagen die Zeit, um diese Dinge auch einzusetzen.

10

Professionalität

In diesem Kapitel geht es darum, welche Einstellung Du zu Deinem Beruf hast. Wie ich schon im *Kapitel 9: Auftreten* beschrieben habe, gehören Übung und Vorbereitung zu den wichtigsten Dingen im Berufsleben. Tennis-Ikone Roger Federer hat nicht nur mit seinem Talent seine vielen Titel gewonnen. Entscheidender Faktor ist sein tägliches Training, jeden Schlag immer und immer wieder zu wiederholen – und das, obwohl er schon viele Jahre mit Unterbrechungen die Nummer 1 in der Weltspitze ist. Selbst er und gerade er, der Beste der Welt, übt täglich Tennis. Er hat die Professionalität, dass er weiß, er hat nur eine Chance an der Weltspitze zu bleiben, wenn er weiterhin mehr trainiert als seine Mitstreiter.

Dasselbe gilt in jedem anderen Beruf, wenn Du eine außerordentlich gute Leistung abliefern willst. Ich persönlich spiele meine Präsentationen detailliert im Vorfeld durch: immer und immer wieder – so lange, bis sie wirklich sitzen.

Übung macht bekanntlich den Meister.
Sei daher stets gut vorbereitet.

Ähnliches gilt bei wichtigen Terminen und Telefonaten: Bereite Dich penibel darauf vor. Erstelle Dir einen Leitfaden, der Dich vom Anfang bis zum Ende des Termins führt. Dies ist Dein Matchplan!

Auch hier verwende ich wieder ein Beispiel aus dem Sport. Jede Fußballprofimannschaft geht vor dem Spiel an die Taktiktafel und erarbeitet eine Strategie, nach der sie das Match gewinnen will. Genauso mache ich es auch. Ich überlege mir im Vorfeld genau, mit welcher Taktik ich in den Termin gehe oder den Anruf beginne. Dann spiele ich alle Möglichkeiten durch: Wie könnte der Gesprächsteilnehmer reagieren und welche Einwände könnte er haben? Wie reagiere ich dann? Ich gehe den Termin und mögliche Alternativen gedanklich Schritt für Schritt für mich selbst durch. Bei wirklich komplexen Terminen, bei denen vielleicht auch noch der ein oder andere Kollege mit dabei ist, spielen wir dies im Team durch und legen die Rollen fest. Auf diese Weise ist exakt definiert, wer was sagt. Überraschungen werden dadurch in der Regel vermieden.

Gerade wenn Du nicht so spontan bist, hilft Dir das, vor allem in kniffligeren Situationen souverän zu reagieren.

Am Ende gilt es natürlich, das Geübte auch entsprechend umzusetzen und sich nicht von anderen Dingen ablenken zu lassen, wie in *Kapitel 6: Freundlichkeit* beschrieben.

Lasse Dir die Routine nicht anmerken. Lebe jeden Moment, als wäre es Dein erster.

Darüber hinaus sollte der Alltag nicht zur Routine werden und Deine Leistung beeinträchtigen.

Stell Dir vor, Du gehst ins Theater und hast zuvor viel Geld für die Eintrittskarte bezahlt. Das Stück ist ausverkauft, Du hast hohen Aufwand betrieben, um an die Karten zu kommen und freust Dich jetzt schon seit Wochen auf den Abend.

Nur leider ist dies schon die 54. Aufführung und die Schauspieler sind dem Stück in der Zwischenzeit überdrüssig und gelangweilt. Die Spannung ist irgendwie raus.

Vermutlich wärst Du ziemlich enttäuscht. Deine Erwartungshaltung an die Schauspieler ist, dass sie dieselbe Qualität und Leistung abliefern wie bei der Premiere. Du hast schließlich das gleiche Geld bezahlt wie die Zuschauer, die in den Genuss der ersten Aufführung gekommen sind. Das heißt: Die Schauspieler haben die Herausforderung, die entsprechende Professionalität an den Tag zu legen, um Dich zum Fan werden zu lassen.

Genauso solltest auch Du es leben. Du hast die Präsentation schon zigmal gemacht, das gleiche Bauteil schon zum hundertsten Mal repariert, bereits mehrere tausend Quadratmeter Fliesen verlegt, nur lass es Deine Kunden nicht spüren.

Darüber hinaus solltest Du aus psychologischer Sicht die Anspannung immer halten.

Routine ist der Feind jedes Erfolgs. Sei Dir daher nie zu sicher und halte stets die Anspannung.

Der FC Bayern München hat im Fußball seit Jahren zum Beispiel das „Problem“, dass die Meisterschaft viele Spieltage vor Schluss bereits zu ihren Gunsten entschieden ist.

Hierdurch heißt es, habe die Mannschaft nicht mehr diese Anspannung und dadurch immer wieder Probleme in der Champions League, die benötigte Leistung abzurufen.

Sportpsychologen sagen, dass englische und spanische Mannschaften hier Vorteile haben, da deren Ligen viel ausgeglichener sind und dadurch meistens bis zum letzten Spieltag der Saison in der Meisterschaft Spannung vorherrscht. Dadurch stehen die Spitzenmannschaften bis zum Ende kontinuierlich unter voller Anspannung und sind entsprechend konzentriert, wodurch sie dann auch in den entscheidenden Spielen in anderen Wettbewerben keine Sondersituation vorfinden.

Das heißt: Auch wenn Du im Moment eher mit routinemäßigen Aufgaben oder zum Beispiel mit einfacheren Kundenterminen beschäftigt bist, solltest Du Dir bewusst Aufgaben suchen oder Dich in Situationen hineinbegeben, die Dich unter Stress setzen. So bist Du für schwierige Herausforderungen bestens gerüstet.

Gehe auf die Menschen zu.

Das Kapitel *Professionalität* möchte ich mit meinen Beobachtungen auf Veranstaltungen wie Messen und Events abschließen.

Solche Maßnahmen sind in der Regel mit einer erheblichen Investition verbunden. Ziel des Ganzen ist natürlich, sie wieder zu erwirtschaften und Geld zu verdienen. Wenn man sich mit offenen Augen auf solchen Veranstaltungen bewegt, hat man sehr oft den Eindruck, dass die Mitarbeiter diese Events häufig eher als Party für die Kollegen ansehen als als berufliche Tätigkeit während der Arbeitszeit.

Das Gespräch mit den Kollegen oder der Flirt mit den Messehostessen stehen deshalb vielfach im Vordergrund. Es steht ihnen im Gesicht geschrieben: „Ach, was soll ich den Messebesucher jetzt ansprechen? Wenn er was möchte, wird er schon kommen." ... und weiter geht das Gespräch.

Ich habe mal einen Kunden beobachtet und mir den Spaß gemacht, dabei genau auf die Uhr zu schauen. Ganze 73 Sekunden ist er auf dem Messestand herumgeschlichen und wollte förmlich angesprochen werden. Und es war kein besonders großer Messestand. Er ist von einem Eck ins andere geschlendert, ist an dem einen oder anderen Prospektständer hängengeblieben und hat in den Marketingmaterialien geblättert. Erst jetzt hat sich ihm tatsächlich jemand vom Standpersonal genähert und ich dachte noch: „Na endlich".

Schenke den Kunden Deine volle Aufmerksamkeit.

Doch dann musste ich mit ansehen, wie der Mitarbeiter sich an dem Kunden vorbeigedrängt hat, um an der Bar Platz zu nehmen und für sich einen Kaffee zu bestellen.

Der Kunde war dann irgendwann natürlich weg. Er hatte niemanden von sich aus angesprochen. Wahrscheinlich war er einfach nur höflich und wollte niemanden bei seinen tiefschürfenden Gesprächen stören.

Gutes Betriebsklima ist eine hervorragende Grundlage für ein erfolgreiches Unternehmen. Nur, bitte, verlagere Deine privaten Gespräche auf außerhalb der Arbeitszeit, nach Messeschluss oder nach Ende der Veranstaltung.

So lange Du hier anwesend bist, schenke Deine volle Aufmerksamkeit bitte den externen Teilnehmern und potenziellen Kunden. Sei aufmerksam, höflich und ein interessanter Gesprächspartner.

Mehr zum Thema „Erfolgreicher Messeauftritt" erfährst Du in *Band 3 – Der Flirt mit dem Kunden.*

Schnellleserfassung

BEREITE Dich auf jeden Termin professionell vor.

ÜBE Deine Aufgabe, bis Du sie perfekt kannst.

ÜBERLEGE Dir im Vorfeld Schritt für Schritt Deine Vorgehensweise.

MACHE Dir wichtige Notizen, damit Du nichts vergisst.

HOL Dir in der Vorbereitung Unterstützung von Kollegen und mache ein Rollenspiel.

FOKUSSIERE Dich während der Arbeitszeit auf Deine wesentlichen Aufgaben.

VERMEIDE die Routine und setze Dir neue Reize.

HAB stets ein professionelles Auftreten.

TRAGE immer Sicherheitskleidung, wenn erforderlich.

SCHLAFE lieber noch einmal eine Nacht, bevor Du einen emotionalen Schritt machst.

LASSE wichtige E-Mails in Deinem Entwurfsordner und denke noch einmal in Ruhe darüber nach, bevor Du sie verschickst.

11

Arbeitsplatz

Warum man sich selbst entsprechend pflegen sollte und welchen Eindruck man auf seine Mitmenschen macht, wenn die Körperhygiene leidet, habe ich am Beispiel einer Hausfassade in *Kapitel 7: Körperpflege* bereits ausgiebig erläutert.

Den gleichen Eindruck hinterlässt Du natürlich auch, wenn Du Deine Büroräume und Arbeitsmittel nicht pflegst. Hierzu zähle ich zum Beispiel:

- Arbeitsplatz/Schreibtisch
- Arbeitsplatz beim Kunden (z. B. Baustelle)
- Firmenfahrzeug
- Werkzeug

Wenn Du Dich nicht um Dein Eigentum kümmerst – wie soll es dann mit fremden Dingen funktionieren?

Bist Du der Herr eines ungeordneten Chaos? Benutzt Du Dein Büro als Lagerraum? Stapeln sich überall die Kartons im Flur? Ist Dein Werkzeug in einem katastrophalen Zustand, eventuell sogar in einem sicherheitsbedenklichen? Flickst Du Kabel mit Klebeband? Liebst Du die Provisorien und am liebsten die, die dann über Jahre bestehen bleiben?

Wenn Du eine der oben aufgeführten Fragen mit „Ja" beantwortest, gibst Du Deinen Kunden gegenüber leider kein vorteilhaftes Bild ab.

Wie willst Du Deinem Kunden glaubhaft versichern, dass Du Dich um sein Projekt oder sein Eigentum gewissenhaft kümmerst, wenn Du selbst nicht einmal mit Deinen eigenen Sachen sorgsam umgehst?

Auch hier gilt wieder: Du musst es leben und demonstrieren, dass Du ein ordentlicher Mensch beziehungsweise Unternehmer bist. Denke hier auch an den Überraschungsgast aus *Kapitel 8: Kleidung*.

Schnellleserfassung

HALTE Deinen Arbeitsplatz stets aufgeräumt und ordentlich.

RESPEKTIERE das Eigentum anderer – vor allem, wenn es Dein Arbeitsplatz ist.

BEDENKE, Dein Firmenwagen gehört auch zu Deinem Arbeitsraum.

PFLEGE Dein Werkzeug und halte es technisch in Schuss.

BEACHTE die Sicherheitshinweise auf den Arbeitsmitteln.

12

Jeder ist ein Verkäufer

Gerade wenn Du nicht im Vertrieb arbeitest und zum Beispiel im Support oder als Monteur beschäftigt bist, wirst Du mir diese Behauptung wahrscheinlich nicht abnehmen. Der eine oder andere Leser möchte es mir wahrscheinlich auch nicht abnehmen, da Verkaufen für ihn etwas „Böses“ ist.

Gut, diese Herausforderung nehme ich an. Genau aus diesem Grund ist diese Buchserie ja entstanden. Ich bin gespannt, ob ich mit den nächsten Zeilen Deine Meinung vielleicht ein wenig revidieren kann.

Ich habe schon einige Beispiele angesprochen, in denen Du in privaten Situationen verkaufst, obwohl Du es wahrscheinlich gar nicht als Verkaufen empfindest. Du empfiehlst jemandem etwas oder überzeugst eine Person mit Begeisterung und Gefühl. Aber hat Dein Gegenüber Dich wirklich um einen Tipp für ein Urlaubsziel gebeten?

Du hilfst immer dem Kunden, egal ob Du Geld für Deine Leistung erhältst oder nicht.

Ist es, weil Du so begeistert davon gewesen bist, dass Du einfach davon schwärmen musst? Oder ist der eigentliche Grund, dass Du selbst nicht aktiv in das Geschäft eingebunden bist und kein Geld für die Empfehlung bekommst?

Warum verändert sich überhaupt die Einstellung zum Verkaufen, sobald jemand Geld dafür bekommt? Erweckt das den Eindruck, dass Deine Begeisterung und Empfehlung dann nicht mehr ehrlich gemeint sind, sondern nur, damit Du daran verdienst?

Ja, Geld verändert die Welt. Doch wenn Du das Thema Verkauf richtig und professionell angehst, ist hier überhaupt nichts Anrüchiges dabei, wenn Du Geld dafür bekommst – oder eben nicht.

Hast Du in Deinem Leben andere jemals von etwas überzeugt oder hat schon einmal jemand aufgrund Deiner Empfehlung etwas gekauft? Wenn ja, dann hast Du auf alle Fälle schon einmal Deine Vertriebseigenschaften unter Beweis gestellt. Das Einzige, was Du jetzt noch benötigst, ist die richtige Einstellung dazu. Du solltest insbesondere Deine Hemmungen ablegen, dass Du dafür eine Gegenleistung erhältst.

Aber Vorsicht: Nur weil Du Deine Vertriebseigenschaften unter Beweis gestellt hast, bist Du noch lange kein Top-Verkäufer. Aber das musst Du auch gar nicht werden.

Zwischen Verkaufen „können“ und „müssen“ ist ein wesentlicher Unterschied.

Im *richtigen* Vertrieb kommt noch ein wesentlicher Faktor hinzu: Druck. Auf einmal *musst* Du verkaufen, Du hast Zielvorgaben. Wahrscheinlich ist Dein Gehalt zudem vom Umsatz abhängig, wodurch Du ein höheres Risiko hast. Die Kunst hierbei ist, damit umzugehen und trotzdem die Unbeschwertheit zu bewahren, um Deine Kunden objektiv beraten zu können.

Wie genau, erfährst Du beispielhaft im nächsten Kapitel: *Der Mitarbeiter als Akquisiteur*.

Schnellleserfassung

SCHÄME Dich nicht dafür, Geld für eine Leistung zu erhalten.

BEDENKE, Dein Gehalt wird von dem Verkauf der Produkte und Dienstleistungen bezahlt.

HABE Spaß dabei, Dein Unternehmen zu unterstützen, und freue Dich über jeden Erfolg.

ÜBERLEGE Dir Situationen, in denen Du anderen Personen mit Freude eine Empfehlung gegeben hast.

FRAGE Dich, wie Du Dich gefühlt hättest, wenn Du in derselben Situation Geld für Deine Empfehlung bekommen hättest.

ANALYSIERE, warum Du dies möglicherweise unterschiedlich empfindest und ob es wirklich von Bedeutung ist.

13

Der Mitarbeiter als Akquisiteur

Wenn Du das Buch bis hierin aufmerksam gelesen hast, hast Du schon viele Beispiele aus unterschiedlichsten Berufen gefunden. Du hast erfahren, wie Du Deine Position im Unternehmen besser nutzen kannst, um dem Unternehmen oder Dir selbst zu helfen, erfolgreicher zu werden.

In diesem Kapitel kannst Du dieses Wissen anhand einiger Beispiele entsprechend vertiefen, sodass Du eine konkretere Vorstellung davon bekommst, wie Du hier vorgehen solltest.

Vorweg möchte ich noch Folgendes betonen: Es geht beim Verkaufen nicht darum, dass Du jemanden überredest oder ihm etwas „aufschwatzt“! Du musst hierbei immer den Vorteil des Kunden und nicht Deinen Geldbeutel in den Vordergrund stellen. Hier gibt es verschiedene Vorgehensweisen. Ich gehe am Ende des Kapitels und den weiteren Büchern dieser Reihe noch im Detail darauf ein.

Versuche, nicht nur das Problem zu verstehen, sondern die Bedürfnisse des Kunden zu erkennen.

Nehmen wir erneut an, Du arbeitest im Support. Wie gehst Du im Moment vor? Du erhältst eine Supportanfrage und versuchst, das geschilderte Problem zu lösen. Gelingt Dir das, hast Du dem Kunden geholfen und Deinen Job erledigt. Falls nicht, bist Du in der Regel auch nicht schuld daran. Du versuchst dann, den Frust beim Kunden in Grenzen zu halten. Was jedoch kannst Du darüber hinaus noch anders machen?

Es ist ganz einfach: Versuche nicht nur in diesem konkreten Fall das Problem zu verstehen, sondern sehe es im Kontext des Gesamtprozesses. Welches generelle Bedürfnis hat der Kunde? Setzt er hierfür überhaupt das richtige Produkt ein und ist es der beste Prozess? Gibt es eventuell ein Produkt aus Deinem Haus oder eine Anwendungsweise, die noch besser geeignet ist, die den Kunden vielleicht noch weiterbringt als im Moment? Stelle ein paar Fragen, sammle die Informationen und liefere Deinen Vertriebskollegen auf diese Weise eine solide Basis für ein Kundengespräch.

Sei in diesem Fall aber bitte auch vorsichtig. Es soll beim Kunden auf gar keinen Fall das Gefühl entstehen, dass er erst noch einmal investieren muss, damit sein Problem gelöst wird. Stelle daher erst seine Zufriedenheit her und nutze seine Informationen im späteren Verlauf der Kundenbeziehung.

Sei stets neugierig und gehe mit offenen Augen durchs Leben.

Band 5 – Schürfen bis es glänzt geht ebenfalls auf Deine mögliche Unterstützung ein. Trotzdem gebe ich Dir an dieser Stelle noch ein weiteres Beispiel aus dem Bereich Servicemitarbeiter.

Angenommen, Du bist Heizungsmonteur und wirst zu einem Kunden gerufen, da es kein Warmwasser mehr im Haus gibt. Bisher bist Du wahrscheinlich in den Keller gegangen, hast gesucht, den Fehler gefunden, ihn beseitigt, einen Auftragszettel geschrieben und Dich auf den Feierabend gefreut. Nach dem Lesen dieses Buches wirst Du hoffentlich wie nachfolgend beschrieben vorgehen. Es mag vielleicht etwas überzeichnet klingen, für einen Fachmann sind dies allerdings Kleinigkeiten, die mit etwas Übung leicht zu bewältigen sind.

Schon in dem Moment, in dem Du Dich auf das Haus zubewegst, hältst Du die Augen offen und schaust, ob auf dem Dach eine Solaranlage installiert ist. Wenn nein, schätzt Du die Dachneigung und registrierst die Ausrichtung. Sobald Du im Keller bist, machst Du ein Foto von der installierten Heizungsanlage. Hiermit bist Du für den Fall der Fälle schon einmal vorbereitet und musst nicht mehr für das Angebot einer Solaranlage extra zum Kunden fahren. Solltest Du hierfür noch weitere Daten benötigen, ermittle diese auch gleich vorsorglich.

Nutze die Anwesenheit des Kunden, um über ihn weitere Informationen zu sammeln.

Parallel hast Du die aktuellsten Normen und Förderprogramme im Kopf. Hat es hier eventuell eine Änderung gegeben? Gibt es möglicherweise gerade ein Programm zur Subventionierung von energieeffizienten Umwälzpumpen? Wenn ja, nutze doch die Zeit beim Kunden und spreche ihn gleich darauf an. Am besten hast Du hier gleich ein paar Kennzahlen im Kopf, dass Du ihm zum Beispiel auch gleich eine Abschätzung bezüglich der wirtschaftlichen Amortisierung mit an die Hand geben kannst. Kläre ab, ob es für die Heizungsanlage einen Servicevertrag gibt. Gibt es eventuell Bauteile in der Anlage, die schon etwas älter sind? Du hast ja möglicherweise Erfahrung damit, dass diese Bauteile nach einer bestimmten Zeit ausfallen!

Weise Deinen Kunden darauf hin. Positioniere Dich als der Fachmann, dem der Kunde vertrauen kann und der ihm hilft zu vermeiden, dass es in Zukunft wieder einmal kein warmes Wasser geben wird.
Bietest Du auch Sanitärinstallation oder andere Gewerke an? Wenn ja, so prüfe, ob es hier eventuell Dinge gibt, bei denen Du ihm etwas empfehlen kannst. Ist das Haus des Kunden eventuell in einem Gebiet mit besonders hartem Wasser und er hat noch keine Maßnahmen zum Kalkschutz getroffen?

Nicht selten kommt es vor, dass Deine Auftraggeber neugierig sind und Dir bei der Arbeit über die Schulter schauen. Nutze doch diese hervorragende Gelegenheit für ein Gespräch.

Es gestaltet Deinen Arbeitstag doch zugleich um einiges abwechslungsreicher und bietet Dir zusätzliche Erfolgserlebnisse.

Dies ist natürlich nur ein stellvertretendes Beispiel. Sei kreativ und übertrage es auf Deinen Beruf. Wo gibt es vergleichbare Situationen, in denen Du zusätzlichen Service und Dienstleistungen anbieten kannst.

Das Gleiche gilt natürlich, wenn Du keine Dienstleistungen, sondern Produkte verkaufst: Ein Kunde kommt zu Dir und möchte einen Fernseher kaufen. Er interessiert sich für ein größeres Modell. Ist er ein Cineast? Was und wie schaut er? Blu-ray oder Netflix? Braucht er vielleicht noch ein Abspielgerät? Welche Priorität hat der Sound für ihn? Hifi oder Dolby Surround?

Hat er schon eine entsprechende Anlage? Hört er auch gerne Musik? Hat er Familie? Wenn ja: Fühlt sich diese ab und zu aufgrund der Lautstärke gestört? Braucht er gegebenenfalls einen Kopfhörer?

Es gibt viele Möglichkeiten, dies weiterzuführen. Du bist der Profi in Deiner Branche. Du kennst Dich mit den Rahmenbedingungen aus und beschäftigst Dich mit den möglichen Trends in der Zukunft.

Du liest nicht nur die Fachzeitschriften und den Sportteil in der Zeitung, sondern auch den Wirtschaftsteil.

Natürlich ist dies lediglich eine Kurzzusammenfassung und Du solltest die Fragen nicht einfach wie in einem Verhör stellen (siehe hierzu *Band 3 – Der Flirt mit dem Kunden)*. Sei smart. Mit ein bisschen Übung kannst Du in einem ganz normalen Gespräch Vorlieben und Gewohnheiten herausfinden, ohne dass sich dies nach absichtlichen Fragen anhört. Und dann, zum gegebenen Zeitpunkt, nutze Deine Informationen und leite das Gespräch geschickt auf das entsprechende Thema.

„Vorhin haben Sie erwähnt, dass sich Ihre Frau öfter über zu laute Musik beschwert. Haben Sie hier schon einmal über einen Kopfhörer nachgedacht?“

> *„Ja, allerdings stört mich hier immer das Kabel. Ich habe sogar einen, aber den verwende ich nicht.“*

„Ist das Kabel der einzige Grund oder gibt es hier noch etwas anderes, das Sie stört?“

> *„Nein, das ist der einzige Grund.“*

Entdecke die Bedürfnisse bei Deinem Kunden, die er vielleicht selbst noch gar nicht erkannt hat.

Je nach Antwort, geht das Gespräch entsprechend weiter oder Du präsentierst ihm das geeignete Produkt und erläuterst ihm, warum er sehr zufrieden damit sein und weniger Streit mit seiner Frau haben wird.

Ein noch besserer Gesprächsverlauf wird mit folgender Frage eingeleitet:

„Welche Eigenschaften muss der Kopfhörer haben, damit das Hören für Sie ein Genuss ist?“

Eventuell denkst Du Dir jetzt, dass Du „so etwas“ nicht machen und dem Kunden doch keine Solaranlage oder einen Kopfhörer „aufschwatzen“ kannst.

Das sollst Du auch nicht. Du hast ja vollkommen recht: Der Kunde ist nicht direkt zu Dir gekommen und hat auch nicht den Wunsch geäußert, einen Kopfhörer zu kaufen. Aber trotzdem hat er Bedarf. Er hat es vielleicht nur noch nicht erkannt oder einfach nicht geäußert.

Du solltest dem Kunden absolut nichts verkaufen, was er nicht benötigt. Denn das ist keine Basis, auf der Du den Kunden zum Fan machen kannst. Der Kunde soll nur das bekommen, von dem er auch einen Nutzen hat. Manchmal muss man ihm einfach nur einen kleinen Schubs geben.

Der Wurm muss dem Fisch und nicht dem Angler schmecken.

Und am Ende entscheidet der Kunde eh immer noch selbst – zumindest, wenn Du ihn nicht mit irgendwelchen Methoden aus der Kundenbindung (siehe *Band 2 – Die wunderbare Welt der Kunden)* „genötigt" hast oder ihm falsche Informationen hast zukommen lassen.

Vor allem mach nie den Fehler, von Deinen eigenen Bedürfnissen auszugehen. Denke nie, dass Du aus irgendwelchen Gründen selbst lieber ohne Kopfhörer Musik hören würdest. Wenn Du solche Gedankengänge hast, kann ich nachvollziehen, dass sich bei Dir ein Gefühl des Überredens einstellt. Das ist aber die vollkommen falsche Herangehensweise. Denn letztendlich geht es nicht darum, was *Dir* gefällt, sondern dem Kunden!

Was schmeckt Dir persönlich am besten? Ein italienisches Nudelgericht? Mit welchem Köder, denkst Du, hättest Du beim Angeln größere Erfolgsaussichten? Mit Nudeln oder mit Würmern? Wahrscheinlich mit Würmern, oder? Aber Würmer schmecken Dir doch gar nicht. Was hier für Dich vollkommen logisch ist, musst Du auch beim Verkaufsgespräch beherzigen: Habe den Kunden im Fokus und nicht Dich selbst.

Ich weiß selbst aus eigener Erfahrung als Kunde, wie schmal der Grat ist, sich auf solch ein Gespräch einzulassen. Ich gehe in ein Geschäft, weiß, was ich möchte, und habe vielleicht auch nicht viel Zeit.

Kläre zu Beginn ab, wie viel Zeit der Kunde mitgebracht hat.

Ich möchte einfach nur schnell das Produkt kaufen und dann wieder gehen. Und dann fängt der Verkäufer an, mich in ein Gespräch zu verwickeln. „Rrrr, ich habe für sowas doch keine Zeit. Ich weiß doch, was ich will.“ Aus eigenen Erlebnissen weiß ich aber auch, dass es genau in solchen Momenten schon vorgekommen ist, dass ich ihm doch wider Willen meine Aufmerksamkeit geschenkt habe.

Der Verkäufer hat mich auf sympathische Art „gepackt“ und während des Gesprächs doch noch wichtige Punkte eingebracht, die mir am Ende geholfen haben. Dafür bin ich ihm im Nachhinein sogar dankbar gewesen.

Von daher versuche ich als Käufer, in diesen Situationen trotzdem offen für weitere Denkanstöße zu sein.

Als guten Rat kann ich Dir mit auf den Weg geben, direkt zu Beginn des Gesprächs abzuklären, wie viel Zeit sich der Kunde genommen hat.

Nur wenn Du die Kontaktdaten hast, kannst Du Deinen Gesprächspartner wieder kontaktieren.

Das hat für Dich folgende Vorteile:

- Du kannst Dir die Zeit perfekt einteilen.
- Du musst nicht in der ständigen Ungewissheit agieren, dass der Kunde auf einmal mittendrin unterbrechen muss, da er keine Zeit mehr hat.
- Du läufst nicht Gefahr, dass der Kunde irgendwann ungeduldig und die Situation für ihn nervig wird.
- Du bleibst stets „Herr der Lage“.

Wenn die Zeit nicht ausreicht oder Du das Gefühl hast, dass es aus anderen Gründen nicht für ihn passt, hast Du immer noch die Option, ihn nach einem anderen Termin zu fragen:

„Wann darf ich Sie noch einmal wegen der Solaranlage kontaktieren?“

Bitte ihn erst gar nicht mit einer geschlossenen Frage der Art „Darf ich Sie ...“ um Erlaubnis, sondern stelle am besten eine offene Frage (siehe hierzu auch *Band 3 – Der Flirt mit dem Kunden)*. Du selbst bist überzeugt davon, dass es für ihn wichtig ist. Von daher handle auch so und schaffe Tatsachen.

Positioniere Dich als vertrauensvoller, fachlich versierter Ansprechpartner.

Frag auf alle Fälle sehr höflich nach den Kontaktdaten, sofern Du sie noch nicht hast, und kläre ab, ob Du Dich wieder melden darfst. Hinterlasse auf keinen Fall nur Deine Kontaktdaten und hoffe darauf, dass er sich auch bei Dir meldet. Ohne Kontaktdaten hast Du keine Möglichkeit, bei der Person noch einmal nachzufassen, falls er sich nicht mehr bei Dir meldet. Es muss ja nicht unbedingt nur daran liegen, dass der Gesprächspartner keinen weiteren Kontakt mehr möchte. Weitere Gründe können ja auch verlorene Visitenkarten oder Zeitmangel sein.

Wie Du darüber hinaus ganz einfach einen wertvollen Beitrag leisten kannst, um den Bekanntheitsgrad Deines Unternehmens zu steigern, Dich als vertrauensvoller, fachlich versierter Ansprechpartner zu positionieren, also zum Erfolg der Firma beitragen kannst, erfährst Du in *Band 4 – Social Selling.*

Schnellleserfassung

BEACHTE die vielen Tipps und Schritte in den Kernaussagen dieses Kapitels.

ÜBERLEGE Dir, welche Technologietrends und Veränderungen zum Beispiel bei Normen und Standards in Deinem Bereich es gerade gibt.

ÜBERLEGE Dir, welche typischen Probleme bei Deinen Kunden öfter auftreten.

ÜBERLEGE Dir, welche Vorteile Du Deinen Kunden bieten kannst.

GEHE in Dich und versuche herauszufinden, welche Deiner Kunden entsprechenden Bedarf für Deine Lösung haben könnten. Besprich Dich dann mit Vertrieb, Vorgesetzten oder sonstigen zuständigen Kollegen.

14

Effizientes Engagement

Du kannst aber nicht nur bei der Akquise von Aufträgen einen persönlichen Anteil am Erfolg haben, sondern auch bei vielen weiteren Punkten. So können Du und das Unternehmen zum Beispiel auch von Verbesserungsmaßnahmen im eigenen Unternehmen profitieren. Darüber hinaus kannst Du Deine Kunden auf die gleiche Art unterstützen.

Wenn Du ein engagierter Mitarbeiter bist, Du über den Tellerrand hinausschaust und Dich über Deinen „normalen“ Job hinaus positiv in Deinem Unternehmen engagierst, kann Dir dieses Wissen helfen, auch die Tipps aus *Band 5 – Schürfen bis es glänzt und Band 6 – Durch Umsetzung zum Erfolg.*

Ich möchte an dieser Stelle explizit auf Band 5 hinweisen, da es darin unter anderem um Themen wie Vertriebsprozess und -strategie geht und dies für den einen oder anderen vielleicht als zu „trocken“ und als nicht relevant erscheint.

Lass Dich nicht von Deinem persönlichen Enthusiasmus blenden.

Dieses Hintergrundwissen hilft Dir in jedem Fall dabei, den Verkäufer zu verstehen und ihn ganz in Deinem Sinn zu unterstützen. Denke immer daran: Je mehr er weiß, desto besser kann er Dich unterstützen – und am Ende entscheidest immer noch Du! Das heißt, Du brauchst hier keine Hemmungen zu haben, dass er das Wissen irgendwie gegen Dich ausspielt oder irgendwelche Tricksereien probiert.

Ich persönlich bin jemand, der in einem Unternehmen kontinuierlich Ideen zu Prozessoptimierungen hat. Sie sind teilweise einfach umzusetzen und ich kann einige Dinge davon allein entscheiden, etwa die Programmierung von kleinen Excel-Makros mit VBA (Visual Basic for Applications). Bei aufwendigeren und kostenintensiven Verbesserungen wie der Einführung einer neuen Software müssen Kollegen oder Vorgesetzte in die Entscheidung natürlich einbezogen werden. Je nach Ausmaß und Relevanz der Entscheidung sind hier unterschiedliche Hierarchiestufen zu beachten. Die kaufmännische Geschäftsleitung und eventuell auch die Personalabteilung können betroffen sein. Kläre daher schon im Vorfeld ab, wen Du involvieren musst und hole sie schon weit im Vorfeld mit ins Boot. Mehr hierzu erfährst Du im Kapitel *Mitspieler* aus *Band 2 – Die wunderbare Welt der Kunden.*

Ich habe einmal eine Situation erlebt, in der ein engagierter Mitarbeiter eines potenziellen Kunden genau dies nicht getan hatte.

Hole frühzeitig alle relevanten Personen mit ins Boot.

Er hatte eine Testversion heruntergeladen und schon sehr viel Zeit mit der Einarbeitung in seiner Freizeit verbracht. Letzte Fragen wollte er direkt mit dem Hersteller klären und so sind wir in Kontakt gekommen. Bevor ich für ihn tätig wurde, hatte ich ihm noch empfohlen, vorab mit der Geschäftsleitung zu sprechen. Und siehe da: Deren Ziele waren ganz andere kurz vor dem Ruhestand des Inhabers. Er war im Begriff, sein Unternehmen zu verkaufen, und wollte vorher keine größere Investition mehr tätigen. Das Engagement des Mitarbeiters war sämtlich für die Katz und er entsprechend frustriert.

Selbst wenn ich noch so sehr von meinem Einfallsreichtum überzeugt gewesen bin und stets gute Argumente für die Geschäftsführung gehabt habe, habe ich bis heute nicht alle meine Ideen umsetzen können.

Auch in diesem Punkt hätte mir vertriebliches Wissen sicherlich geholfen, effizienter zu arbeiten.

Viel zu oft habe ich mich früher von meinem Enthusiasmus leiten lassen und mich euphorisch in meine Ideen zur Optimierung von Prozessen gestürzt, nicht selten in meiner Freizeit. Ich habe mich oft aus rein persönlichem Interesse damit beschäftigt, Zeit investiert und teilweise zu einem viel zu späten Zeitpunkt die Geschäftsleitung eingebunden.

Kläre frühzeitig das benötigte Gesamtbudget und die messbaren Erfolgsfaktoren.

Wenn dann aus den unterschiedlichsten Gründen ein Nein kam, war mein ganzes Engagement umsonst gewesen – und natürlich nicht nur meine Zeit, sondern auch die von Kollegen oder Vertriebsmitarbeitern der Hersteller.

Positiv fällt mir die Umstellung der Arbeitsweise in meinem ersten Job nach dem Studium in einem Generalplanungsbüro mit Architekten und Ingenieuren ein. Dort wurde je nach Abteilung unterschiedliche Software für die Erstellung von technischen Zeichnungen eingesetzt.

Es kostete viel Zeit, Dateien zu konvertieren und sie für den Im- und Export vorzubereiten. Ergänzend wurden in der Gebäudetechnik die meisten Berechnungen unabhängig von den Plänen manuell durchgeführt, was sowohl zeitintensiv als auch äußerst fehleranfällig war.

Meine Vorstellung ging nun dahin, dass alle mit derselben Software arbeiten. Da wir für die Umsetzung unterschiedliche Produkte evaluiert hatten, war dieses Projekt sehr zeit- und durch die Beschaffung von Software, den Einsatz von Schulungen und den anfänglichen Produktivitätseinbruch sehr kostenintensiv.

Prüfe immer, wie ein Projekt zu den jeweiligen Unternehmenszielen passt.

Die gesamte Umstellung konnten wir in rund einem Jahr umsetzen. Die gesamte Investition hatte sich voll und ganz ausgezahlt. Allerdings war dies auch ein Resultat meines guten Drahtes zur Geschäftsleitung, deren Vertrauen in meine Person und vielleicht auch von etwas Glück.

Trotz des Erfolgs hätte man definitiv Einiges bessermachen können.

So wurde über das benötigte Geld für die Softwareanschaffung und die Schulungen viel zu spät gesprochen und den anfänglichen „Produktivitätseinbruch“ hatten wir nicht vorhergesehen. Zudem waren unsere Entscheidungskriterien viel zu schwammig formuliert und teilweise gar nicht definiert. Letztendlich hat die gesamte Entscheidung eher auf einem Bauchgefühl basiert.

Denk stets an meine Tipps aus Kapitel 3: Betrachte das Unternehmen und die Geschäftsleitung als Deine Kunden (siehe hierzu auch Band 2) und stell Dir immer die Frage: Was bringt es Dir und warum solltest Du darin investieren?

Selbstverständlich gibt es noch viele weitere Punkte, die für eine erfolgreiche Umsetzung erforderlich sind. So spielt auch die Motivation der Mitarbeiter bei der späteren Implementierung eine entscheidende Rolle. Mehr dazu später.

Unterstütze Deine Kunden mit Deiner Erfahrung bei der erfolgreichen Entscheidung und Umsetzung.

Im Nachhinein hätte ich mir gewünscht, dass mich ein erfahrener Vertriebsmitarbeiter an die Hand genommen und mich mit seiner Erfahrung und entsprechenden Tipps in der richtigen Herangehensweise unterstützt hätte (siehe hierzu auch *Band 6 – Durch Umsetzung zum Erfolg*).

Für mich war das zunächst einmal eine einmalige Sache. Im Studium hatte ich nichts darüber gelernt, wie man eine Software evaluiert, bestmöglich zu einer Entscheidung kommt und sie anschließend erfolgreich einführt. Auch war dies ja nicht mein beruflicher Alltag. Die Anbieter hingegen haben ständig mit Kunden, die sich in einer ähnlichen Situation befinden, zu tun und verfügen über einen großen Erfahrungsschatz. Das heißt: Wenn Du in einer Auftragnehmer-Position bist, unterstütze Deine Kunden mit Deinem Wissen auch bei der erfolgreichen Entscheidung und Umsetzung (siehe auch *Band 5 – Schürfen bis es glänzt*).

Schnellleserfassung

ÜBERLEGE Dir die Relevanz Deines Vorhabens für das Unternehmen.

STIMME die Ziele dieses Projekts mit denen des Unternehmens ab.

KLÄRE frühzeitig den Grobkostenrahmen und das erforderliche Budget.

BEANTWORTE für Dich die Frage, ob Du die Investition tätigen würdest, wenn es Dein Geld wäre.

BEZIEHE alle wichtigen Kollegen und Entscheidungsträger frühzeitig mit ein.

DEFINIERE die messbaren Entscheidungsfaktoren.

SEI offen für konstruktive externe Unterstützung.

BLEIB stets engagiert und motiviert.

15

Zusammenfassung

Im ersten Band dieser Buchreihe ist es überwiegend um Dich gegangen. Du hast gelernt, warum es so wichtig ist, dass Du Dich mit dem Thema Verkaufen oder zumindest Teilen hiervon beschäftigst.

Darüber hinaus haben wir den hohen Stellenwert Deines persönlichen Auftretens, verbunden mit Deiner Körperpflege und Kleidung, behandelt. Ein besonderes Augenmerk hat auf Deiner Professionalität gelegen – sowohl im privaten Umfeld als auch im Beruf. Ich hoffe, Du bist spätestens ab jetzt stets vorbereitet auf die vielen unerwarteten Momente.

Ich würde mich freuen, wenn Du Dir ab jetzt noch mehr Deiner Bedeutung für Dein Unternehmen bewusst bist. Denk immer daran: Du bist sein „Schaufenster“.

Ich jedenfalls freue mich auf die weiteren Erfahrungen und die nächsten positiven Einflüsse in meinem Leben. Ich bin gespannt auf das, was sich alles noch ergeben wird und welche bereichernden Dinge ich noch dazulernen darf.

Ich hoffe, Dir geht es ebenso und es beginnt derselbe positive Denkprozess wie einst bei meiner Frau.

So, genug der Theorie ...

LEG LOS!

P. S.: Weitere Unterstützung hierzu, wie Du bei Dir einen Veränderungsprozess in Gang setzt, Dich motivierst und dieses Verhalten in Deine gewohnte Lebensweise integrierst, findest Du in *Band 6 – Durch Umsetzung zum Erfolg*.

Danksagung

Mein größter Dank gilt meiner Familie: meiner Frau Gabriele, die mir stets ein starker Rückhalt ist, meinen rastlosen Tatendrang und die daraus resultierende Flut an Projekten akzeptiert und mir stets den Rücken freihält; meinen lieben Kindern Ben und Sophie, die auf jede Menge Zeit mit mir verzichtet haben, trotzdem immer noch ihren Papa lieben und einfach froh sind, dass ich ihr Vater bin – und natürlich meinen Eltern. Sie haben trotz meiner schlechten schulischen Leistungen und ihrer Verzweiflung deswegen stets an mich geglaubt. Sie haben mir ihr Vertrauen geschenkt, mir Raum zur Selbstfindung gegeben und damit den Grundstein für meinen erfolgreichen Wandel gelegt.

Ein weiterer Dank gilt meinen Verwandten, Freunden, Kollegen, Kunden und allen, die ein wichtiger Teil meines Lebens waren und sind. Letztendlich prägt jede Situation, jede Erfahrung die Entwicklung eines Menschen. Nachdem ich heute mit meiner Entwicklung voll und ganz zufrieden bin, haben sie offenbar alle einen wichtigen Beitrag dazu geleistet.

Ich möchte einige von ihnen namentlich erwähnen, da sie mit ihrem immensen Wissen erheblich zu diesem Buch und der Serie beigetragen haben: Julia Braun, Michael Degen, Paul Fedrau, Sebastian Kühner, Martina De Meo-Dautert, Andrew Müller und Dr. Thomas Zepf.

Besonders hervorheben möchte ich die Unterstützung durch Markus Speiser. Vertriebsprofi Markus hat mir als unabhängiger Erstleser außerhalb meiner Familie schon ganz zu Beginn meines Projekts die für mich wichtige Bestätigung gegeben. Wer weiß, ob diese Buchserie Realität geworden wäre, wenn sein Feedback negativ ausgefallen wäre! Darüber hinaus hat er unermüdlich alle Bände Korrektur gelesen und mir schonungslos Feedback gegeben. Vielen Dank für Deine kostbare Zeit und Dein Vertrauen!

Nicht vergessen möchte ich an dieser Stelle meine Lektorin Dr. Maria Zaffarana. Sie hat mit ihrem Wortschatz und ihrer Sprachgewandtheit, aus meinen geistigen Ergüssen flüssig zu lesende Bücher geschaffen. Ich bin immer wieder begeistert, mit welch teilweise einfachen Mitteln sie es immer wieder geschafft hat, dem Text eine ganz andere Bedeutung zu vermitteln. Einen Doppelpunkt hier oder einen Gedankenstrich dort oder den Satz etwas umgestellt. Genau diese manchmal scheinbar einfachen Dinge sind aber häufig die hohe Kunst. Ganz herzlichen Dank, Maria, für Deine wundervolle Arbeit!

Und natürlich Dir ganz herzlichen Dank, dass Du Dich für dieses Buch als eine weitere Bereicherung in Deinem Leben entschieden hast.

Um alle mit dieser Buchserie anfallenden Kosten zu finanzieren, habe ich im Frühjahr 2019 eine Crowdfunding-Kampagne auf der Plattform der Startnext Crowdfunding GmbH durchgeführt.

Für die besondere finanzielle Unterstützung im Rahmen dieser Aktion bedanke ich mich namentlich bei folgenden Personen:

- Bernhard Erbertseder
- Michael Baldauf
- Anja Pieper
- Albert Amstutz
- Manuel Frey
- Ralf Theil
- Uschi und Peter Roth

Durch ihr großes Vertrauen und Investment haben sie einen erheblichen Beitrag dazu geleistet, damit diese Buchserie fertiggestellt und veröffentlicht werden konnte.

Trotz dieser großzügigen Beiträge wäre die Kampagne ohne alle weiteren Unterstützer*innen nicht erfolgreich geworden. Jeder Euro hat somit einen wichtigen Beitrag geleistet; denn ohne das Funding-Ziel zu erreichen, wäre das gesamte gesammelte Geld wieder zurückgeflossen. An dieser Stelle daher auch noch einmal ein großes Dankeschön!

Ich bin unglaublich glücklich, dass ich es geschafft habe. Vor allem aber bin ich stolz, dass mir so viele Personen Ihr Vertrauen geschenkt haben.

Bildnachweis/Quellen

Bild Buchcover	Michael Trabitzsch
Bild Seite 43	CCO Creative Commons
Bild Seite 68	CCO Creative Commons
Bild Seite 91	CCO Creative Commons

https://newsroom.iza.org/de/archive/research/schoenheit-zahlt-sich-auf-dem-arbeitsmarkt-aus/
(abgerufen am 21.04.2018)

https://karrierebibel.de/erster-eindruck/
(abgerufen am 22.04.2018)

Über mich

Nach meinem Studium der Gebäudetechnik an der Fachhochschule München habe ich in diesem Beruf erfolgreich als Ingenieur in unterschiedlichen Funktionen gearbeitet.

Ohne meinen ständigen rastlosen Tatendrang, mich konsequent weiterzuentwickeln, wäre es dazu nicht gekommen. Denn mein Weg zum Studium war steinig. Der Grund dafür war, dass mein unbändiger Wissensdurst leider erst nach der Mittleren Reife einsetzte und ich über die Zwischenstation einer Ausbildung zum Energieelektroniker und die dann erst nachgeholte Hochschulreife zum Studium fand.

Da ich mein Leben lang sehr prozessgetrieben und optimierungssüchtig gewesen bin, habe ich mich schon damals sehr stark für Bauprozesse interessiert, was mich in Kontakt mit einem Softwareunternehmen gebracht hat. Mehr durch Zufall hat sich dadurch eine komplette Neuausrichtung in meinem Leben ergeben.

Seit über zehn Jahren sind nun der Vertrieb und alles, was dazugehört, meine Leidenschaft.

Hier hatte ich von Beginn an das Glück, dass ich von erfahrenen Vertriebsprofis aus aller Welt an die Hand genommen wurde und von ihrem Wissen profitieren durfte. Zudem kam ich in den Genuss vieler internationaler Trainings zu unterschiedlichsten Themen, sodass ich mich schon nach kurzer Zeit als Redner auf Bühnen in vielen Ländern wiederfand, um dort wiederum mein Wissen an andere weiterzugeben.

Angetrieben von meiner Leidenschaft und der Freude, mit anderen Menschen zu kommunizieren, werde ich diesen Weg weiter beschreiten.

Privat lebe ich mit meiner Frau und meinen beiden Kindern im Raum München und genieße die bayerische Idylle, auch wenn ich aufgrund der beruflichen Tätigkeit leider viel zu selten zu Hause bin.

Einen Teil meiner Freizeit verbringe ich mit Do-it-Yourself: Es gibt eigentlich nichts, was vor mir sicher ist. Nach der Kernsanierung unseres Hauses in Eigenregie bin ich inzwischen beim Möbelbau angelangt.

In der restlichen Zeit versuche ich, meinen Körper für die beruflichen Belastungen mit Sport fit zu halten.

Weitere Medien aus meiner Feder

Weitere Medien aus meiner Feder

Ein aktuelles Verzeichnis findest Du unter

www.sales4every1.com

oder

www.weidenverlag.de

Hier kannst Du auch gern Deine Kontaktdaten hinterlassen und mir Feedback und Anregungen geben.